对接世界技能大赛技术标准创新系列教材

技工院校一体化课程教学改革电气自动化设备安装与维修专业教材

低压配电设备安装与调试教师用书

人力资源社会保障部教材办公室　组织编写

中国劳动社会保障出版社

简介

本套教材为对接世赛标准深化一体化专业课程改革电气自动化设备安装与维修专业教材，学习内容对接世赛电气装置等项目，学习目标融入世赛要求，考核标准对接世赛技能标准，考核评价方法参考世赛评分方案，并设置了世赛知识栏目。

本书为《低压配电设备安装与调试》的配套教师用书，在《低压配电设备安装与调试》的基础上增加了引导问题的参考答案（教学建议），并给出了学习任务设计方案和教学活动策划表，内容丰富、实用，有助于教师更好地开展一体化教学。

图书在版编目（CIP）数据

低压配电设备安装与调试教师用书 / 人力资源社会保障部教材办公室组织编写 . -- 北京：中国劳动社会保障出版社，2022

对接世界技能大赛技术标准创新系列教材　技工院校一体化课程教学改革电气自动化设备安装与维修专业教材

ISBN 978-7-5167-5463-4

Ⅰ. ①低…　Ⅱ . ①人…　Ⅲ. ①低压电器 – 设备安装 – 技工学校 – 教学参考资料②低压电器 – 调试方法 – 技工学校 – 教学参考资料　Ⅳ. ① TM52

中国版本图书馆 CIP 数据核字（2022）第 121481 号

中国劳动社会保障出版社出版发行

（北京市惠新东街 1 号　邮政编码：100029）

*

北京市白帆印务有限公司印刷装订　　新华书店经销

880 毫米 ×1230 毫米　16 开本　10.75 印张　249 千字

2022 年 8 月第 1 版　　2022 年 8 月第 1 次印刷

定价：29.00 元

读者服务部电话：（010）64929211/84209101/64921644

营销中心电话：（010）64962347

出版社网址：http: //www.class.com.cn

http: //jg.class.com.cn

对接世界技能大赛技术标准创新系列教材

编审委员会

主　任：刘　康

副主任：张　斌　王晓君　刘新昌　冯　政

委　员：王　飞　翟　涛　杨　奕　张　伟　赵庆鹏　姜华平
杜庚星　王鸿飞

电气自动化设备安装与维修专业课程改革工作小组

课 改 校：江苏省盐城技师学院　江苏省常州技师学院
黑龙江技师学院　承德技师学院　江西技师学院
青岛市技师学院　开封技师学院　衡阳技师学院
珠海市技师学院

技术指导：雷云涛

编　　辑：范贻潘

本书编审人员

主　　编：刘　涛

副 主 编：朱　曦

参　　编：高　扬　朱明昊　肖振华　舒　展　黄丽萍　林乐成

审　　稿：李建军

序

世界技能大赛由世界技能组织每两年举办一届，是迄今全球地位最高、规模最大、影响力最广的职业技能竞赛，被誉为“世界技能奥林匹克”。我国于2010年加入世界技能组织，先后参加了五届世界技能大赛，累计取得36金、29银、20铜和58个优胜奖的优异成绩。2019年9月，习近平总书记对我国选手在第45届世界技能大赛上取得佳绩作出重要指示，并强调，劳动者素质对一个国家、一个民族发展至关重要。技术工人队伍是支撑中国制造、中国创造的重要基础，对推动经济高质量发展具有重要作用。要健全技能人才培养、使用、评价、激励制度，大力发展技工教育，大规模开展职业技能培训，加快培养大批高素质劳动者和技术技能人才。要在全社会弘扬精益求精的工匠精神，激励广大青年走技能成才、技能报国之路。

为充分借鉴世界技能大赛先进理念、技术标准和评价体系，突出“高、精、尖、缺”导向，促进技工教育与世界先进标准接轨，完善我国技能人才培养模式，全面提升技能人才培养质量，人力资源社会保障部于2019年4月启动了世界技能大赛成果转化工作。根据成果转化工作方案，成立了由世界技能大赛中国集训基地、一体化课改学校，以及竞赛项目中国技术指导专家、企业专家、出版集团资深编辑组成的对接世界技能大赛技术标准深化专业课程改革工作小组，按照创新开发新专业、升级改造传统专业、深化一体化专业课程改革三种对接转化原则，以专业培养目标对接职业描述、专业课程对接世界技能标准、课程考核与评价对接评分方案等多种操作模式和路径，同时融入健康与安全、绿色与环保及可持续发展理念，开发与世界技能大赛项目对接的专业人才培养方案、教材及配套教学资源。首批对接 19 个世界技能大赛项目共 12 个专业的成果将于 2020—2021 年陆续出版，主要用于技工院校日常专业教学工作中，充分发挥世界技能大赛成果转化对技工院校技能人才的引领示范作用。在总结经验及调研的基础上选择新的对接项目，陆续启动第二批等世界技能大赛成果转化工作。

希望全国技工院校将对接世界技能大赛技术标准创新系列教材，作为深化专业课程建设、创新人才培养模式、提高人才培养质量的重要抓手，进一步推动教学改革，坚持高端引领，促进内涵发展，提升办学质量，为加快培养高水平的技能人才作出新的更大贡献！

2020年11月

电气自动化设备安装与维修专业一体化教学参考书目录（中级阶段）

序号	书名
1	电工基础（第六版）
2	电子技术基础（第六版）
3	机械与电气识图（第四版）
4	机械知识（第六版）
5	电工仪表与测量（第六版）
6	电机与变压器（第六版）
7	安全用电（第六版）
8	电工材料（第五版）
9	电力拖动控制线路与技能训练（第六版）
10	企业供电系统及运行（第六版）
11	电工技能训练（第六版）
12	电子电路基本技能训练

扫描右侧二维码
可查看本书配套数字资源

目　　录

学习任务一　移动式配电箱安装与调试

学习目标

1. 能根据工作任务联系单，明确工时、工作内容等要求。

2. 能正确叙述三相交流电的概念及其实际应用，识读电路图，并通过勘察施工现场，准确描述现场特征，取得必要的资料和数据。

3. 能正确识别低压断路器、漏电断路器、导线、汇流排、接线端子、低压绝缘子等电气元件和导轨、绑扎带等电工材料，以及常用安全标志，了解其选择方法与安装使用方法。

4. 能根据勘察现场的结果和任务要求，完善施工设计，绘制相关图纸，选择电气元件、电工工具和电工材料，制订工作计划。

5. 能按规程应用必要的安全隔离措施和安全标志，准备现场工作环境。

6. 能根据任务需要，使用金属切割机、手电钻、丝锥、压线钳等工具设备，完成元件和材料的检查、加工及安装等工作。

7. 能按照图纸要求、配电箱电气安装规范工艺要求、世界技能大赛电气安装技术标准和场地情况，运用线路明敷、捆扎布线等工艺，完成施工任务。

8. 施工后，在通电之前，能正确使用仪表检查电气装置，包括绝缘电阻检查、接地连续性检查、极性检查和目测检查，并排除相应故障。

9. 能按相关技术指标要求，通电检查所安装设备的全部功能，确保装置的正确运行。

10. 能在作业过程中严格执行企业操作规范、安全生产制度、环保管理制度以及6S管理规定，严格遵守从业人员的职业道德，具有吃苦耐劳、爱岗敬业的工作态度，精益求精的质量管控意识和职业精神。

11. 作业完毕，能按车间现场6S管理和产品工艺流程的要求，清点、整理工具，收集剩余材料，清理工程垃圾，拆除防护措施，整理现场。

12. 施工项目验收后，能以小组形式，积极主动地展示和汇报工作成果，完成对学习过程的综合评价。

建议学时

60 学时

工作情境描述

某建筑工地新增一台升降机，需安装一台用于临时供电的移动式配电箱，工程部向电工班下达配电箱安装任务，工期为 8 h，任务完成后交工程部验收。

工作流程与活动

1．明确任务和勘察现场（18 学时）

2．施工前的准备（20 学时）

3．现场施工（18 学时）

4．工作总结与评价（4 学时）

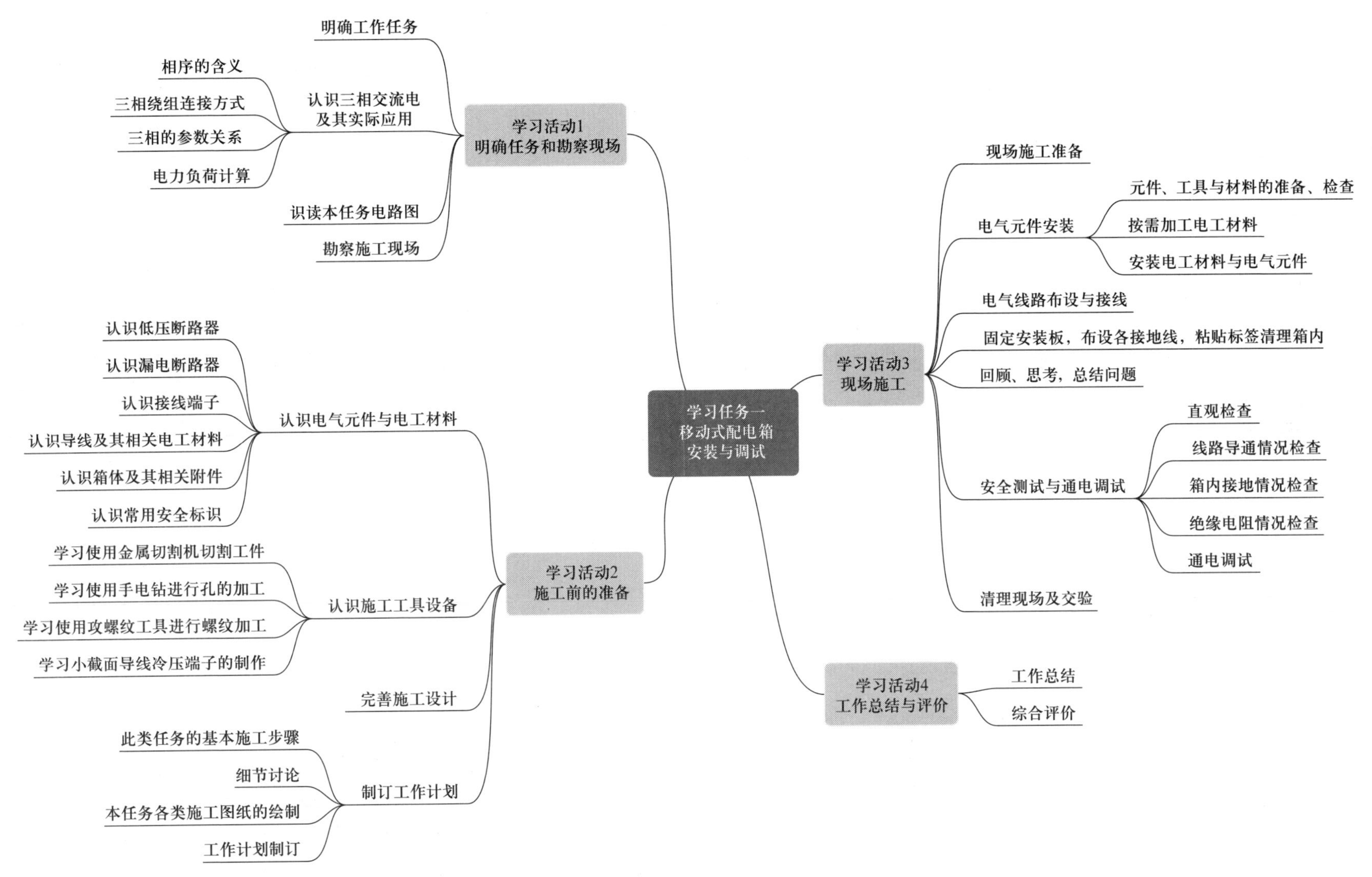

学习任务一 移动式配电箱安装与调试
学习活动1 明确任务和勘察现场
明确工作任务
认识三相交流电及其实际应用
相序的含义
三相绕组连接方式
三相的参数关系
电力负荷计算
识读本任务电路图
勘察施工现场
学习活动2 施工前的准备
认识电气元件与电工材料
认识低压断路器
认识漏电断路器
认识接线端子
认识导线及其相关电工材料
认识箱体及其相关附件
认识常用安全标识
认识施工工具设备
学习使用金属切割机切割工件
学习使用手电钻进行孔的加工
学习使用攻螺纹工具进行螺纹加工
学习小截面导线冷压端子的制作
完善施工设计
制订工作计划
此类任务的基本施工步骤
细节讨论
本任务各类施工图纸的绘制
工作计划制订
学习活动3 现场施工
现场施工准备
电气元件安装
元件、工具与材料的准备、检查
按需加工电工材料
安装电工材料与电气元件
电气线路布设与接线
固定安装板，布设各接地线，粘贴标签清理箱内
回顾、思考，总结问题
安全测试与通电调试
直观检查
线路导通情况检查
箱内接地情况检查
绝缘电阻情况检查
通电调试
清理现场及交验
学习活动4 工作总结与评价
工作总结
综合评价

学习活动1　明确任务和勘察现场

学习目标

1. 能根据工作任务联系单，明确工期、工作内容等要求。

2. 能正确叙述三相交流电的概念及其实际应用，识读电路图。

3. 能勘察施工现场，准确描述现场特征，取得必要的资料和数据。

建议学时：18学时

学习过程

一、明确工作任务

阅读工作任务联系单（表1–1–1），以小组为单位讨论其内容，提炼主要信息，完成后面的内容。

表1–1–1　　工作任务联系单　　编号：

工作任务	移动式配电箱安装与调试		
工作任务详情	为在建的2#厂房施工现场新增升降机安装临时供电的移动式配电箱		
任务工期	8 h	验收单位	工程部
承接单位	电工班	施工负责人	张某某
施工人员	李某某、王某某、程某某、贾某某		
任务开工时间	××××年××月××日××时××分	任务完工时间	××××年××月××日××时××分
验收意见	合格		
施工负责人签字	张某某	验收负责人签字	魏某某

1．该项工作的主要内容是<u>设计、安装和调试一个落地式、可移动的配电箱，以满足升降机的供电需求</u>。

2．该项工作所需安装的设备，其应用地点的性质是<u>施工现场的临时低压用电</u>。

3．该项工作的任务工期是 8 小时 。

4．该项工作交给你和同组人，你们的角色单位是 承接单位 。

5．该项工作完成后，应交给 工程部 进行验收。

二、认识三相交流电及其实际应用

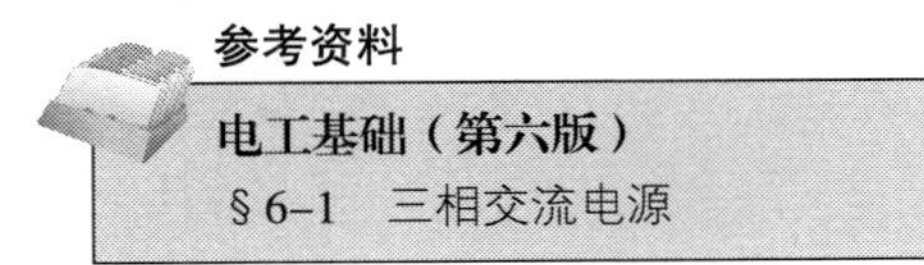

参考资料

电工基础（第六版）

§6–1　三相交流电源

1．与普通照明用电不同，电力系统中的动力用电通常使用三相交流电源。由三相发电机产生的三个交流电动势达到最大值的先后顺序称为相序，有正序、负序之分。为便于工作，一般用导体色标来区分交流电动势的相位。

（1）查阅相关资料，简要描述什么是三相正弦交流电。

答：三相正弦交流电是三个单相正弦交流电按一定方式进行的组合，这三个单相正弦交流电的频率相同，最大值相等，相位互差 120°。

（2）写出正序时的三个正弦交流电动势达到最大值的顺序，以及分别用什么颜色的导体色标来标记各相位。

答：正序时的三个正弦交流电动势达到最大值的顺序为 U–V–W–U，U 相用黄色标记，V 相用绿色标记，W 相用红色标记。

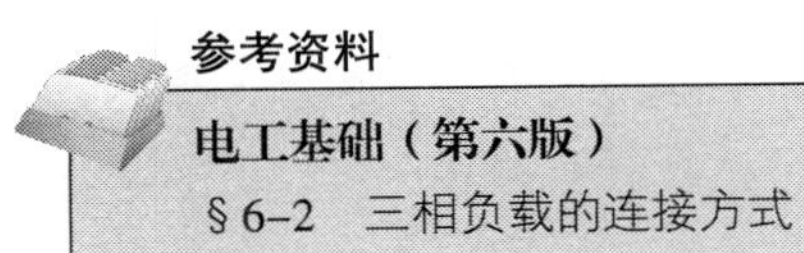

参考资料

电工基础（第六版）

§6–2　三相负载的连接方式

2．三相绕组一般按两种方式连接起来供电或受电，即星形和三角形连接。三相星形绕组末端连接成的点称为中性点，其引出线称为中性线。从安全用电的角度出发，中性点一般选择接地，并称为零点。

（1）查阅相关资料，简述三相星形电源系统中的电源侧中性线的作用。

答：三相星形电源系统中，电源侧中性线主要用于承担三相不平衡电流，也用于承担发生单相接零短路和单相接地短路时的短路电流。

（2）描述在三相四线制（TN–C）系统和三相五线制（TN–S）系统中，零点引出线的具体名称及与负载的连接方法。

答：在三相四线制（TN–C）系统中，零点引出线称为保护零线（PEN），同时具有中性线与保护地线两种功能，可同时接入三相负载的中性点接入点和设备金属外壳，也可接入单相设备的零线接入点和设备金属外壳。在三相五线制（TN–S）系统中，零点引出线有两根，分别称为工作零线（N）和地线（PE），工作零线接入三相负载的中性点接入点和单相设备的零线接入点，地线连接设备金属外壳。

3．由于在三相系统中，测量相电压与相电流比较困难，而测量线电压与线电流相对简单，所以三相功率的计算常用线电压、线电流来表示。

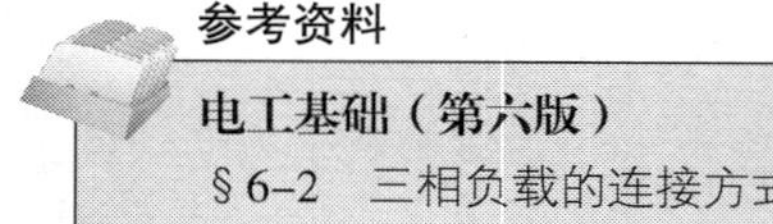

参考资料

电工基础（第六版）

§6–2　三相负载的连接方式

（1）写出在三相星形电源系统中线电压与相电压之间、线电流与相电流之间的关系。

答：在三相星形电源系统中，$U_{线}=\sqrt{3}U_{相}$，且线电压超前相电压 30°，$I_{线}=I_{相}$。

（2）写出三相有功功率与线电压、线电流之间的计算公式。

答：$P=\sqrt{3}U_{线}I_{线}\cos\varphi$。

4. 准确地确定电力负荷的大小是设计供配电系统的基础，电力负荷的估算称为负荷计算。查阅相关资料，学习电力负荷工作制、设备容量、负荷持续率、计算负荷、需要系数法等相关知识，回答以下问题。

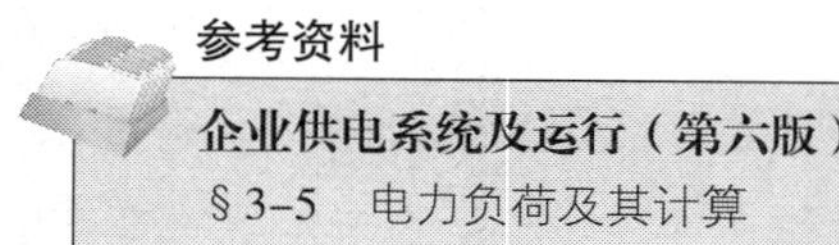

参考资料

企业供电系统及运行（第六版）

§3–5　电力负荷及其计算

（1）简述电力负荷估算过高或过低会导致的问题。

答：负荷估算过高，会造成投资浪费和供电效率降低；负荷估算过低，会使所设计的设备和线路无法承受实际的负荷，导致严重的危险，并会影响供电系统的可靠运行。

（2）写出三种不同的工作制，并用实际电气设备举例说明。

答 :1）长期连续工作制设备，如变压器、通风机、水泵电机、机床主轴电机、企业生产现场照明等。

2）短时工作制设备，如机床辅助回路电机、门闸电机、辅助性电气设备等。

3）断续周期工作制设备，如电梯用牵引电机、车间行吊用牵引电机等。

（3）什么是设备容量和负荷持续率?

答：由于各种用电设备的工作制不同，其电气设备铭牌上的额定功率是不能直接代表其电力负荷的，需要将其统一换算至同一工作制下的额定功率，称为“设备容量”，用 P_e 表示。

对于断续周期工作制的设备，在一个工作周期内工作时间与工作周期时间的比值（百分比）称为负荷持续率，用 ε 表示。

（4）写出电焊设备和起重设备的设备容量计算公式。

答：电焊设备的设备容量一般要求统一换算到 ε =100% 时的功率，所以，$P_e = P_N\sqrt{\dfrac{\varepsilon_N}{\varepsilon_{100\%}}} = P_N\sqrt{\varepsilon_N}$。

起重设备的设备容量一般要求统一换算到 ε =25% 时的功率，所以，$P_e = P_N\sqrt{\dfrac{\varepsilon_N}{\varepsilon_{25\%}}} = 2P_N\sqrt{\varepsilon_N}$。

（5）什么是需要系数法?

答：需要系数法是指在所计算的供电范围内，将用电设备按其设备性质（用途）不同分成若干组，对每一组选用合适的需要系数，算出每组用电设备的计算负荷，然后将各组计算负荷相加得到总的计算负荷的一种计算方法。

$$P_{30} = K_d P_e$$

需要系数 K_d 指用电设备组在最大负荷时需要的有功功率与其设备容量总和之比。

（6）写出单组用电设备 P_{30} 的计算方法。

答：容量的计算负荷 $S_{30}=P_{30}/\cos\varphi$；功率的计算负荷 $P_{30}=K_dP_e$。

（7）写出单组用电设备 I_{30} 的计算方法。

答：电流的计算负荷 $I_{30}=S_{30}/(\sqrt{3}U_N)$。

（8）写出设备数量仅为 1 台或 2 台时需要系数法的用法。

答：K_d 是在同组内设备台数较多的情况下根据经验确定的，所以其值较低。在同组内设备台数较少的情况下应适当提高 K_d 值，$\cos\varphi$ 值也应适当提高。例如，在只有 1 ～ 2 台设备时，K_d 可以近似为 1，即 $P_{30}=P_e/\eta$，η 是电动机的效率。

三、识读本任务电路图

参考资料

机械与电气识图（第四版）

第五章　典型电气图的识读

电路图包含很多种类，配电箱（柜）的设计与施工一般涉及电气原理图、元件布置图、安装接线图、外形图等。电气原理图用来表明成套电气装置的工作原理、各电气元件的作用与相互关系，元件布置图用来表明成套电气装置内所有电气元件的实际位置，安装接线图用来表明成套电气装置内各电气元件间的接线方式。本任务电气原理图如图 1–1–1 所示，使用的移动式配电箱的箱体外观如图 1–1–2 所示。

元件布置图又可分为箱（柜）内元件布置图和箱（柜）门元件布置图，安装接线图可分为一次安装接线图、二次安装接线图、接线端子图等。箱（柜）内元件布置图的绘制样例如图 1–1–3 所示，箱（柜）内一次安装接线图的绘制样例如图 1–1–4 所示。

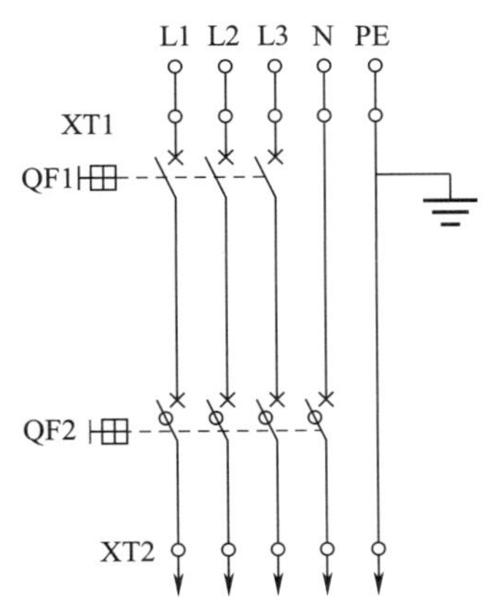

图 1-1-1　本任务电气原理图

图 1-1-2　本任务使用的移动式配电箱的箱体外观

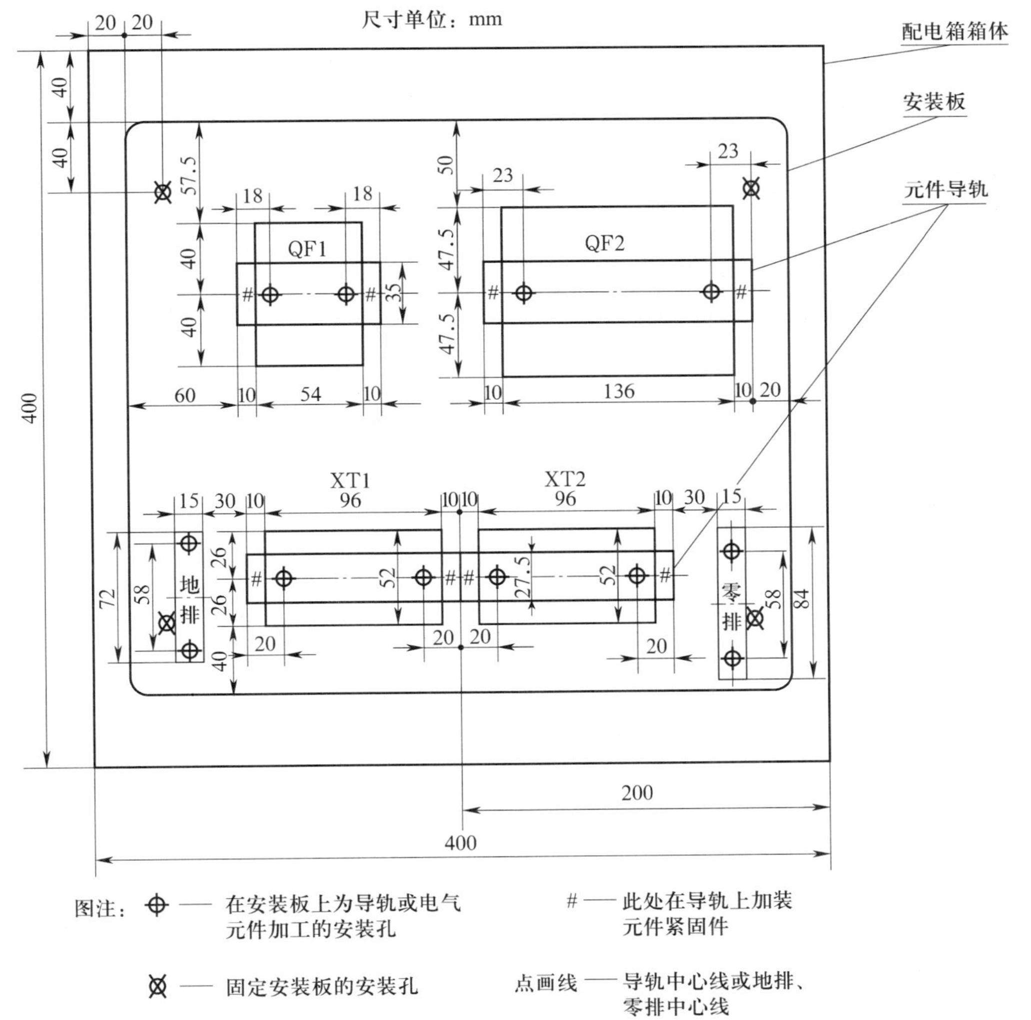

图 1-1-3　箱（柜）内元件布置图的绘制样例

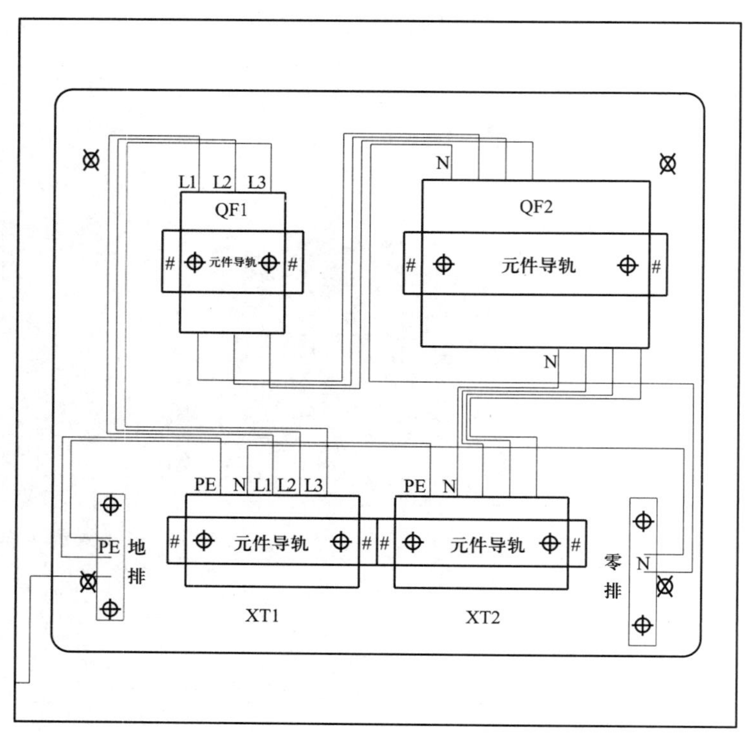

图 1-1-4　箱（柜）内一次安装接线图的绘制样例

1．识读本任务各电路图，查阅相关资料，补全表 1-1-2 中的内容。

表 1-1-2　元件文字符号和图形符号

元件名称	文字符号	图形符号	元件名称	文字符号	图形符号
断路器（三相三极，国标简图）	QF		漏电断路器（三相四极，国标简图）	QF	
断路器（三相三极，国标详图）	QF		漏电断路器（三相四极，国标详图）	QF	
交流系统电源第一相	L1	/	交流系统电源第二相	L2	/
交流系统电源第三相	L3	/	交流系统设备端第一相	A	/
交流系统设备端第二相	B	/	交流系统设备端第三相	C	/
通用接地标记	PE		保护接地标记	PE	
中性线（工作零线）	N	/	接线端子	XT	/

2．在电路图中，所有电气设备都处于“正常状态”，也称为“冷态”。查阅相关资料，解释什么是“正常状态”。

答：正常状态是指所有电气设备处于断路和失电状态。

3．按照《施工现场临时用电安全技术规范》（JGJ 46—2005）的规定，施工现场的临时用电应采用三级配电系统，包括总配电箱、支路配电箱和设备开关箱；配电箱的电器应具备电源隔离，正常接通与分断电路，以及短路、过载、漏电保护功能；每台用电设备必须有各自专用的设备开关箱，设备开关箱必须设置漏电保护器或漏电断路器；施工现场的临时用电应采用二级漏电保护系统。这在施工现场临时用电中称为“三级配电、一机一闸、二级漏保、一漏一箱”。

（1）观察、分析本任务电路图，写出本任务配电箱的所属层级。

答：本任务配电箱为最后一级，即用电设备专用的设备开关箱。

（2）查阅相关资料，说明为什么本任务所涉及移动式配电箱必须设置在支架上，并说明其支架的高度要求。

答：《施工现场临时用电安全技术规范》（JGJ 46—2005）中指出，配电箱、开关箱应装设端正、牢固。移动式配电箱、开关箱应装设在坚固、稳定的支架上，其中心点与地面的垂直距离宜为 0.8 ~ 1.6 m。

（3）查阅相关资料，说明为什么一般将出线开关设置为漏电断路器，而不是将进线开关设置为漏电断路器。

答：《施工现场临时用电安全技术规范》（JGJ 46—2005）中指出，漏电保护器应装设在配电箱、开关箱靠近负荷的一侧，且不得用于启动电气设备的操作。

（4）配电箱的进出线电缆从何位置进入箱体，将在一定程度上影响箱内电气设备的布置方式和线路施工的难度，一般由任务需求决定。在本任务中，通过观察电气原理图和勘察施工现场，结合本任务的特点，你认为作为施工现场临时用电的移动式配电箱进出线电缆从何位置进入箱体更符合实际需求？

答：《施工现场临时用电安全技术规范》（JGJ 46—2005）中指出，施工现场临时用电的配电箱、开关箱中导线的进线口和出线口应设在箱体的下底面，以尽量消除恶劣天气对供配电安全的影响。

4．按照《施工现场临时用电安全技术规范》（JGJ 46—2005）的规定，在施工现场由专用变压器供电的TN–S接零保护系统中，工作零线（N线）必须通过开关和漏电保护器；电气设备的金属外壳、电气设备不带电的外露可导电部分、配电柜与控制柜的金属安装板、金属箱体、框架和门必须与PE线连接，PE线上严禁装设开关或熔断器，严禁通过工作电流且严禁断线；通过漏电保护器的工作零线与PE线之间不得再进行电气连接，PE线应单独敷设；配电箱的电器安装板上必须分设N线端子板和PE线端子板，N线端子板必须与金属电器安装板绝缘，PE线端子板必须与金属电器安装板进行电气连接；进出线中的N线和PE线必须通过各端子板连接。

（1）查阅相关资料，写出N线与PE线的导体色标。

答：N线必须使用淡蓝色作为导体色标，PE线必须使用黄／绿双色作为导体色标，严禁混用。

（2）查阅相关资料，说明通过漏电保护器的工作零线与PE线之间为什么不得再进行电气连接？

答：因为N线用于工作零线，若通过漏电保护器的工作零线与PE线做电气连接，正常供电时会导致漏电保护器跳闸。

四、勘察施工现场

施工前，在了解清楚工作任务和图纸后，还应到任务现场进行实地勘察，核对任务与图纸要求，记录相关技术参数，为后面开展施工做好准备。

1．仔细观察从任务布置单位了解到的本任务所带负荷的详细电气参数，如图 1–1–5 所示，找出本任务所带负荷的额定功率、额定负荷持续率、设备效率和功率因数等参数。

参数名称		单位	型号 SC100
额定承载重量		kg	1000
乘客人数		人	12
额定起升速度		m/min	35
最大架设高度		m	150
电动机	额定功率	kW	2×11（JC 25%单笼）
	制动力矩	N・m	2×120
	效率	/	0.87
	功率因数	/	0.85
对重质量		kg	无
吊杆额定吊起质量		kg	180
吊笼质量		kg	1300
吊笼净空尺寸		m×m×m	3.2×1.5×2.5（L×W×H）
标准节长度		m	1.508
标准节截面尺寸		m×m	0.65×0.65
标准节质量		kg	120
导轨架最大自由端高度		m	7.5

图 1–1–5　本任务所带负荷的详细电气参数

答：本任务所带负荷的额定功率 P_N 为 22 kW，额定负荷持续率 ε_N 为 25%，任务所带负荷的设备效率 η 一般取 0.87，功率因数 $\cos\varphi$ 一般取 0.85。

2．查阅相关资料，学习负荷计算的相关知识，进行本任务电力负荷的计算。

答：升降机为断续周期工作制设备，根据国家标准要求，起重设备的设备容量 P_e 一般要求统一换算到 ε=25% 时的功率，而任务所带负荷的额定负荷持续率正是 25%，所以不再换算，$P_e=P_N=22$ kW。

根据相关要求，单台设备 K_d 应取近似为 1，即 $P_{30}=\dfrac{P_e}{\eta}=\dfrac{22}{0.87}$ kW = 25. 29 kW，所以 $I_{30}=\dfrac{P_{30}}{\sqrt{3}\times U_N\times\cos\varphi}=\dfrac{25.29\times10^3}{1.732\times380\times0.85}$ A = 45. 21 A。

学习活动2　施工前的准备

学习目标

1. 能正确识别低压断路器、漏电断路器、导线、汇流排、接线端子、低压绝缘子等电气元件和导轨、绑扎带等电工材料，以及常用安全标志，了解其选择方法与安装使用方法。

2. 能正确使用金属切割机、手电钻、丝锥、压线钳等工具设备完成元件和材料的加工。

3. 能根据勘察现场的结果和任务要求，完善施工设计，绘制相关图纸，选择电气元件、电工工具和电工材料，列出工具和材料清单，制订工作计划。

建议学时：20学时

学习过程

一、认识电气元件与电工材料

1．认识低压断路器

供配电常用的低压断路器有框架式断路器和塑料外壳式断路器两类，框架式断路器一般安装在低压主干线上作为低压主开关，塑料外壳式断路器通常在电路支线上用作分支开关，或用于电路末端作为终端开关。

参考资料

电力拖动控制线路与技能训练（第六版）

第一单元课题3　低压开关

低压塑料外壳式断路器的类型较多，国产设备型号均以DZ命名，一般按壳架种类分为DZ47和DZ20两种。DZ47型简称“微型断路器”，一般主要用于额定电流小于63 A的电气线路中，如图1–2–1所示。“塑壳断路器”一般指DZ20型，主要用于额定电流小于1 250 A的电气线路中，如图1–2–2所示。在线路额定电流小于100 A的场合，塑壳断路器和微型断路器相比，只是分断能力更高一些。

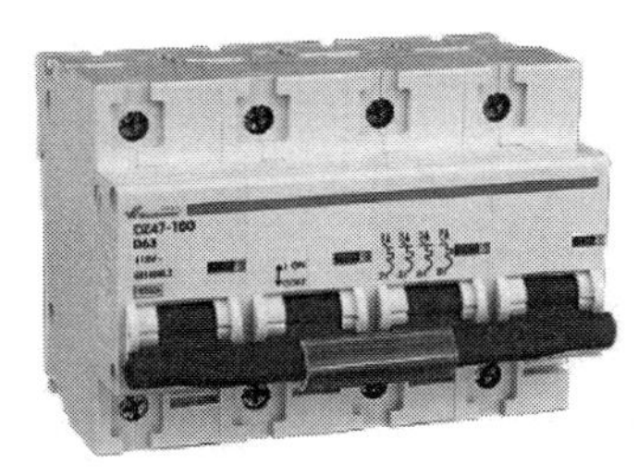

图 1-2-1　DZ47 型微型断路器

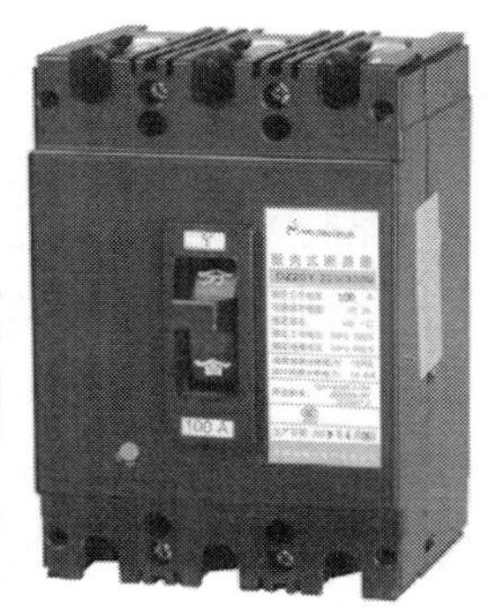

图 1-2-2　DZ20 型塑壳断路器

（1）查阅相关资料，学习断路器型号命名的相关知识，解释以下型号中数字和字母的含义。

1）DZ47-63/4-D40：DZ 指低压塑料外壳式断路器；47 指设计代号；63 指壳架规格（电流）为 63 A；4 指 4 极断路器；D 指电机保护型；40 指脱扣器额定电流为 40 A。

2）DZ20Y-100/3300-80：DZ 指低压塑料外壳式断路器；20 指设计代号；Y 指一般型；100 指壳架规格（电流）为 100 A；3300 中，第一位的 3 指 3 极断路器，第二位的 3 指脱扣器方式为复式脱扣器（带瞬时脱扣器和热脱扣器的脱扣器），第三位的 0 指不带附件（分励脱扣、欠压脱扣或辅助触头），第四位的 0 指不带报警触头；80 指脱扣器额定电流为 80 A。

（2）按照《施工现场临时用电安全技术规范》（JGJ 46—2005）的规定，开关箱中断路器的极数和线数必须与其负荷侧负荷的相数和线数一致。DZ20 和 DZ47 按极数不同，均有 1P、1P+N、2P、3P、3P+N、4P 等类型，查阅相关资料，说明“P”和“+N”的含义与区别。

答：“P”指极数，即装设了瞬时、过流保护的刀极的数量。“+N”指 N 线，没有刀极，可能带瞬时、过流保护，也可能不带，所以在断路器分闸或跳闸后，N 线不会断开。

（3）低压塑料外壳式断路器一般依靠脱扣器完成电路异常情况下的自动跳闸。查阅相关资料，写出常用脱扣器的工作方式。

答：常用低压塑料外壳式断路器的脱扣器主要有瞬时短路脱扣器、过电流（延时）脱扣器、热脱扣器、欠失压脱扣器、分励脱扣器和复式脱扣器等。

（4）按照《施工现场临时用电安全技术规范》（JGJ 46—2005）的规定，开关箱必须装设隔离开关、断路器或熔断器，以及漏电保护器；隔离开关应采用分断时具有可见分断点、能同时断开电源所有极的隔离电器，并应设置于电源进线端；当断路器具有可见分断点时，可不另设隔离开关。根据以上规定，说明为什么本任务不使用隔离开关。

答：因为本任务已选用微型断路器。微型断路器一般用在非专业人员使用的场所，用户不具备专业知识，所以在国家产品标准中已明确，微型断路器必须强制具备隔离功能，使用微型断路器不再需要加入隔离开关。

2．认识漏电断路器

（1）在低压配电系统中，为更好地保护人身、财产安全，消除安全隐患，一般在配电系统用户端加设漏电保护器。查阅相关资料，简述电流型漏电保护器的工作原理。

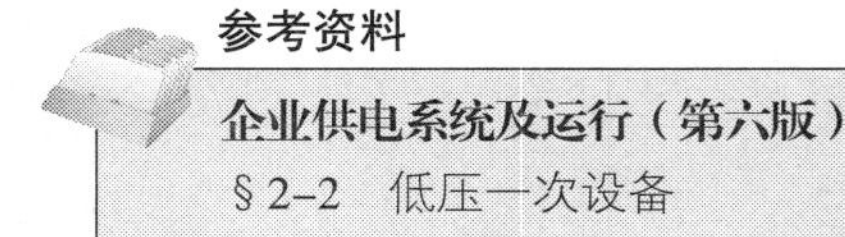

答：电流型漏电保护器利用零序电流互感器检测电路中的异常零序电流，当达到或超过设定值时，发出动作信号，驱动执行机构切断电源。

（2）按照《施工现场临时用电安全技术规范》（JGJ 46—2005）的规定，开关箱中，当安装了同时具有短路、过载、漏电保护功能的漏电断路器时，可不装设断路器。图 1–2–3 所示为 DZ47LE 系列漏电断路器。查阅相关资料，简述零序电流互感器在漏电断路器中所起的作用。

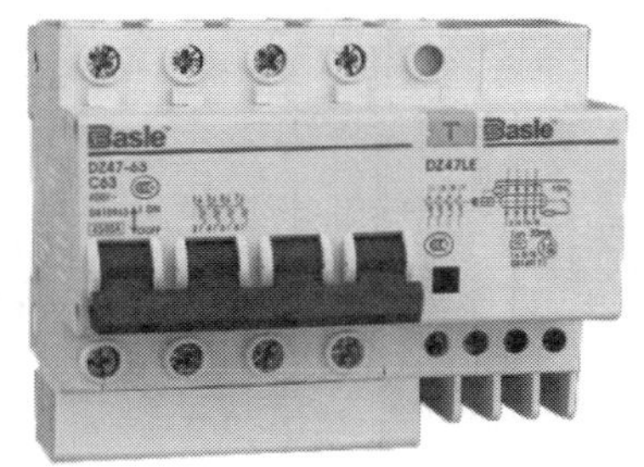

图 1–2–3　DZ47LE 系列漏电断路器

答：当被保护线路中发生漏电或人身触电时，电路中会产生异常的零序电流，穿过零序电流互感器的导线间的总磁场会发生异常变化。零序电流互感器利用二次线圈感应并输出二次电流，当异常的零序电流使零序电流互感器二次电流达到或超过设定值时，漏电断路器的漏电保护功能模块就输出动作信号，经电子线路放大，驱动断路器的脱扣器切断电源。

（3）以 DZ20L 和 DZ47LE 为例，查阅相关资料，解释漏电断路器型号中 L 和 LE 的含义。

答：L 指剩余电流动作保护器是电磁式的，LE 指剩余电流动作保护器是电子式的。

（4）按照《施工现场临时用电安全技术规范》（JGJ 46—2005）的规定，配电箱、开关箱中的漏电保护器宜选用电磁式产品或电子式产品。查阅相关资料，说明电磁式和电子式漏电保护器哪种的性能更优异。

答：电磁式漏电保护器价格贵，但抗干扰性好，对电网中性线断线能起保护作用。电子式漏电保护器价格便宜，耐震性好。

一般在低压配电层面，塑壳漏电断路器一般选电磁式的，微型漏电断路器一般选电子式的。

3．认识接线端子

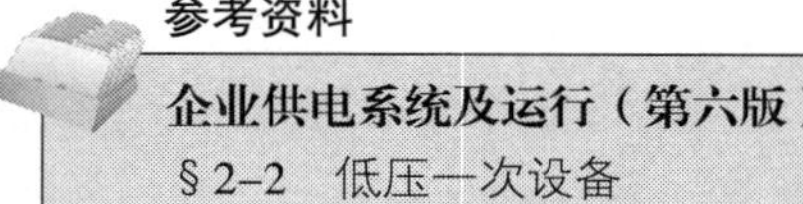

参考资料

企业供电系统及运行（第六版）

§2–2　低压一次设备

按照《低压配电设计规范》（GB 50054—2011）的规定，配电箱（柜）外元件与配电箱（柜）内进行电气连接时，必须通过接线端子、汇流排或电缆插接器构成电气连接。接线端子是帮助实现方便、安全、可靠、有效电气连接的电气元件，形式多样，一般以载流能力来区分。图 1–2–4 中所示为不同载流能力下，配电箱（柜）最常用的接线端子，查阅相关资料，找出这三种接线端子的具体型号。

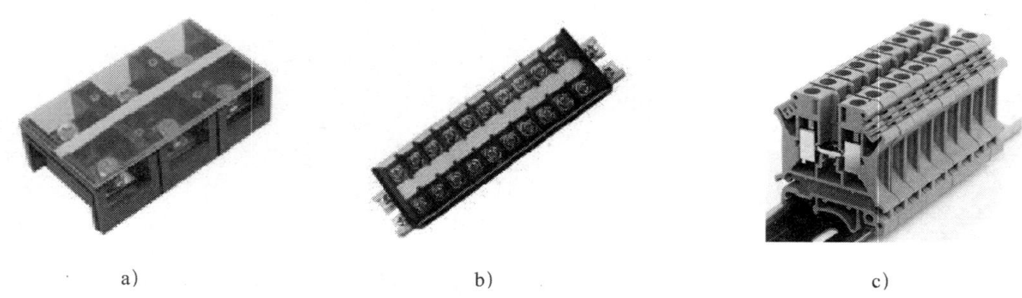

a)　　b)　　c)

图 1–2–4　各种不同电流等级适用的接线端子

a）大电流用接线端子　b）中等电流用接线端子　c）小电流用接线端子

答：图 1–2–4a 所示为 TC 系列大电流用接线端子。

图 1–2–4b 所示为 TD 系列中等电流用接线端子。

图 1–2–4c 所示为 UK 系列小电流用接线端子。

4．认识导线及其相关电工材料

（1）认识导线

参考资料

企业供电系统及运行（第六版）

§5–5　电力线路导线截面的选择

查阅相关资料，学习导线的相关知识，回答以下问题。

1）写出 BV、BVR 绝缘导线的含义。

答：BV 表示铜芯聚氯乙烯绝缘线。

BVR 表示铜芯聚氯乙烯绝缘软线。

2）列举常用绝缘导线的截面积。

答：常用绝缘导线的截面积有 0.75 mm^2、1 mm^2、1.5 mm^2、2.5 mm^2、4 mm^2、6 mm^2、10 mm^2、16 mm^2、25 mm^2、35 mm^2、50 mm^2、70 mm^2、95 mm^2、120 mm^2 等。

3）什么是导线的允许载流量？

答：导线的允许载流量是在规定的环境温度条件下，导线能够连续承受而不致其稳定温度超过允许值的最大持续电流，通过查询“允许载流量表”可了解不同规格导线所对应的允许载流量。

4）简述按“发热条件”选择低压导线截面的基本方法。

答：按“发热条件”选择低压导线截面，一般是指被选导线的允许载流量应大于或等于电路的计算电流，进而查得被选导线的截面。如遇到与表中不同的环境温度、敷设方式、适用场合等时，需要利用各种系数进行修正。

5）写出《低压配电设计规范》（GB 50054—2011）中规定的配电箱绝缘导线的最小截面积，单回路时进入断路器和漏电断路器的绝缘导线的最小截面积，以及配电箱接地线的最小截面积。

答：配电箱绝缘导线的最小截面积为 1.0 mm^2，单回路时进入断路器或漏电断路器的绝缘导线的最小截面积为 1.5 mm^2，接地线的最小截面积为 2.5 mm^2。

（2）认识汇流排

在低压配电线路中，经常会设置一些矩形截面的线状金属导体以代替导线，称为汇流排。查阅相关资料，学习汇流排的相关知识，回答以下问题。

1）写出汇流排的功能及使用场合。

答：在配电线路中会存在很多并联载流支路的汇总点，一般通过它们的电流和功率都很大，所以用汇流排代替导线，承载更大的容量。

另外，为保证接地导体、接零导体间等电位，也会设置汇流排，常称为地排或零排。

2）写出图 1–2–5 所示两种汇流排的使用场合。

a）　　b）

图 1–2–5　汇流排

答：图 1–2–5a 所示汇流排为 DZ47 系列微型断路器或微型漏电断路器的进线侧汇流排。

图 1–2–5b 所示汇流排一般适用于地排或零排。

（3）认识箱门跨接接地线

按照《施工现场临时用电安全技术规范》（JGJ 46—2005）的规定，金属箱门与金属箱体间的箱门跨接接地线必须通过编织软铜线进行电气连接。通过图 1–2–6 所示的编织软铜线与箱门跨接接地线施工案例，查阅相关资料，说明连接箱门跨接接地线的目的。

a）

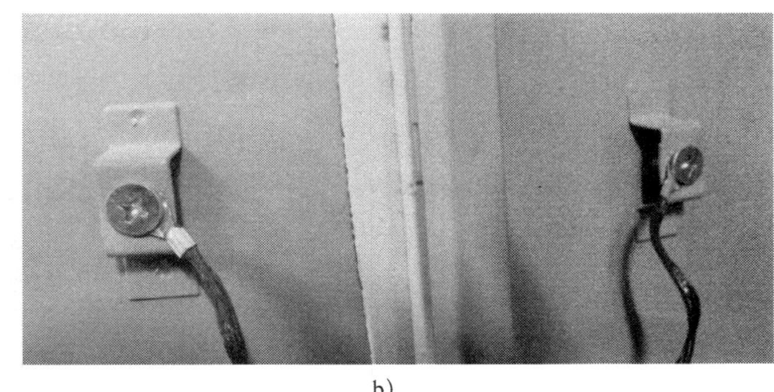

b）

图 1–2–6　编织软铜线与箱门跨接接地线施工案例

a）编织软铜线　b）箱门跨接接地线的施工案例

答：箱门跨接接地线的柔性好且不易断，连接箱门跨接接地线可以最大限度地防止因箱门的开闭而影响金属箱体与金属箱门之间的接地连接效果。

（4）认识冷压端子

按照《低压配电设计规范》（GB 50054—2011）的规定，多股芯线线端必须使用材质合格的冷压端子；截面积为 10 mm^2 以上的单股芯线不可以直接与电气设备连接，必须采用冷压端子。各类冷压端子如图 1–2–7 所示。查阅相关资料，学习冷压端子的相关知识，回答以下问题。

1）写出冷压端子的作用。

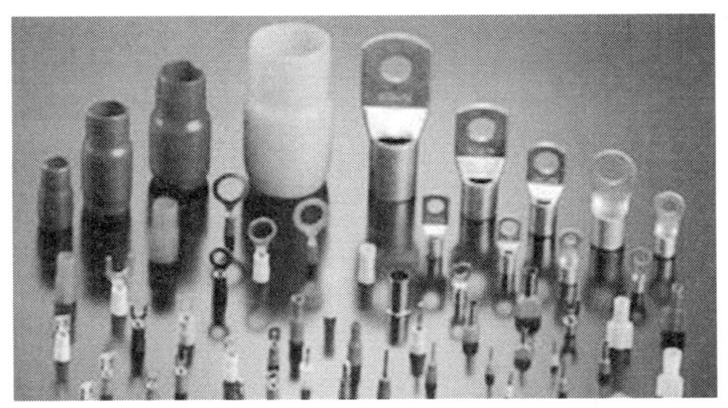

图 1–2–7　各类冷压端子

答：首先，多股芯线线端较松散，接入电气元件后易造成断股；其次，截面积为 10 mm^2 以上的单股芯线的圆形截面一般与电气元件接入点不匹配，难以加工处理。以上两个因素均会影响接线的牢固性和电气可靠性，所以一般选用合适的冷压端子，压制后与电气元件接入点进行连接。

2）列举常用的冷压端子的端头类型。

答：常用的冷压端子的端头类型一般有针型、管型、叉型、插片型、O 型等。

（5）认识低压绝缘子

按照《施工现场临时用电安全技术规范》（JGJ 46—2005）的规定，配电箱的电器安装板上必须分设 N 线端子板和 PE 线端子板，N 线端子板必须与金属电器安装板间绝缘。根据图 1–2–8 所示的低压绝缘子实物图，查阅相关资料，描述其安装方式。

图 1–2–8　低压绝缘子实物图

答：低压绝缘子的安装方式为螺栓紧固安装。

（6）认识绑扎带

在布设低压电气线路时，绑扎带是用来捆扎、固定导线的材料，一般使用尼龙绑扎带。绑扎带类型多种多样，查阅相关资料，学习绑扎带的相关知识，回答以下问题。

1）写出自锁式绑扎带的基本特点。

答：自锁式绑扎带具有止退功能，只能越扎越紧。

2）在使用扎带时一定要分清正反面，写出分辨绑扎带正反面及绑扎带使用的方法。

答：扎带上光滑的一面是正面，带有小锯齿的一面是反面。在使用时，应将带有小锯齿的一面朝内进行弯曲，把尖头穿进带口，形成包围圈，然后拉紧。

3）写出 4×150 尼龙绑扎带型号的含义。

答："4×150"中的"4"为宽度代号，对应的扎带宽度为 2.7 mm，"150"表示长度为 150 mm。

4）在布设低压导线时，可利用自粘式绑扎带固定座与绑扎带配合来固定导线的位置。简述不适合自粘式绑扎带固定座使用的面板环境。

答：不适合自粘式扎带固定座使用的面板环境一般包括有水或油渍的表面、粗糙墙面、石灰易脱落的墙面和硅胶或橡胶类材料表面等。

（7）认识导轨

为了安装方便，通常在安装板上先安装导轨，再在导轨上安装电气元件。不同型号的导轨在外形上有一定的区别，如图 1-2-9 所示。安装在导轨上的电气设备两侧应加装固定件，如图 1-2-10 所示。

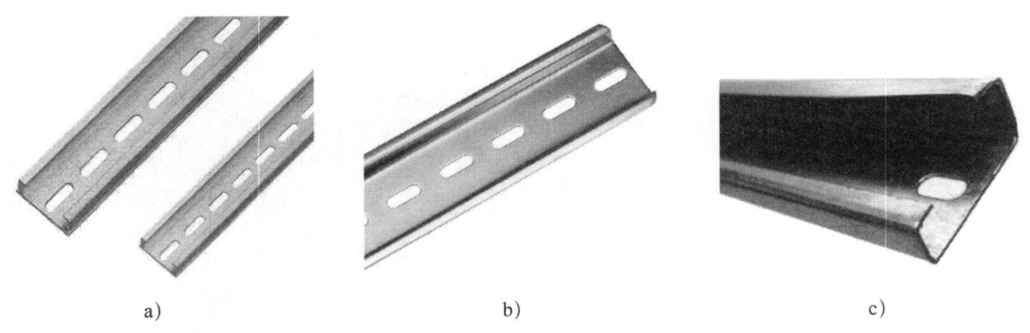

a)　　b)　　c)

图 1-2-9　常用导轨

a）C25 型导轨　b）C45 型导轨　c）G 型高低导轨

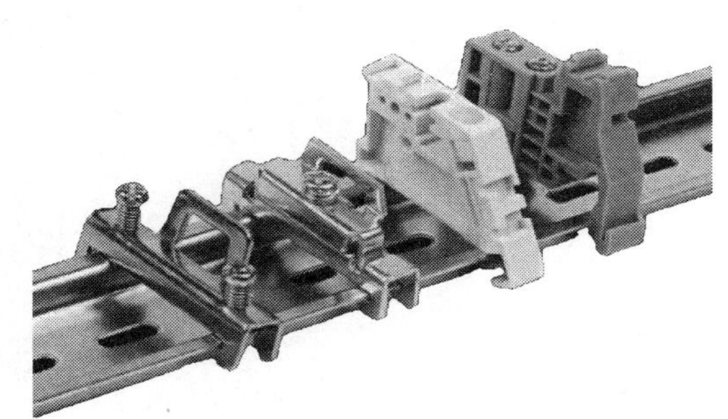

图 1-2-10　在导轨上安装的各类固定件

查阅相关资料，学习导轨的相关知识，回答以下问题。

1）写出 DZ47 型微型断路器常用的导轨型号。

答：DZ47 微型断路器常用的导轨型号为 C45。

2）写出图 1-2-4 中的中等电流用接线端子常用的导轨型号。

答：中等电流用接线端子常用的导轨型号是 G 型高低导轨。

5．认识箱体及其相关附件

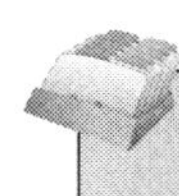

参考资料

电工技能训练（第六版）

第三单元课题三任务二　低压开关柜的安装

配电设备的安装一般根据装配体的大小来选择设备外壳，落地的称为柜，挂墙的称为箱。《施工现场临时用电安全技术规范》（JGJ 46—2005）中要求，施工用移动式配电箱、开关箱应装设在坚固、稳定的支架上；配电箱、开关箱内的电器（含插座）应先安装在金属或非木质阻燃绝缘安装板上，然后方可整体紧固在配电箱、开关箱箱体内，且箱体必须加装门锁。

（1）通过观察安装接线图，指出本任务选用的安装板是金属安装板还是绝缘安装板。

答：由于不存在地排与安装板之间的连接线，所以本任务选用的是绝缘安装板。

（2）查阅相关资料，写出对配电箱内安装板的厚度要求。

答：配电箱箱内安装板的厚度一般不得小于 1.5 mm。

（3）图 1-2-11 所示为各类配电箱（柜）门锁，如工程部建议本任务采用图中左起第三种类型的门锁，查阅相关资料，写出其具体型号。

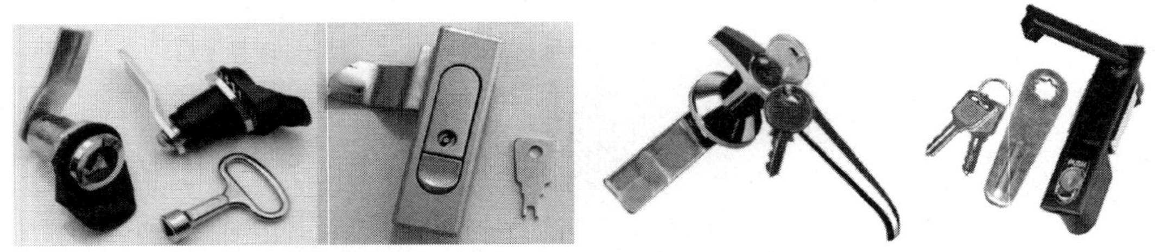

图 1-2-11　各类配电箱（柜）门锁

答：左起第三种门锁型号为 MS304-B 带钥匙型。

（4）《施工现场临时用电安全技术规范》（JGJ 46—2005）中要求，导线需穿越金属板孔或金属结构件时，应在穿越部分的过孔上套过孔保护圈。过孔保护圈一般为橡胶或塑料制品，如图 1-2-12 所示。查阅相关资料，写出配电箱（柜）过孔保护圈的作用。

图 1-2-12　配电箱（柜）过孔保护圈

答：过孔保护圈卡在金属板过孔上，可以保护穿过过孔的导线的绝缘层不被金属板割破。

6．认识常用安全标志

参考资料

安全用电（第六版）
§2–1　屏护、问题及安全标志

在施工现场和供配电设备中，均应设置相应的安全隔离措施和安全标志。安全标志是由安全色、几何图形、图形符号和文字所构成的标志，用于表达特定的安全信息，悬挂或粘贴在电气设备上或施工处，提醒人们对不安全因素加以注意和重视，防止意外事故发生。

查阅相关资料，在表 1–2–1 中填写安全隔离措施和安全标志的作用及设置场所。

表 1–2–1　　安全隔离措施和安全标志的作用及设置场所

示例	名称	作用	设置场所
	安全隔离网	防止无关人员进入工作区域	设置在工作区域外围
	警示胶带	区分元件与材料堆放、工具堆放、材料加工、设备安装等工作项目区	设置在工作区域内不同工作项目区之间的地面上
禁止合闸　有人工作	禁止标志	表明禁止将本开关合闸	设置在一经合闸即可向设备送电的开关或刀闸的操作把手上
止步　高压危险	警告标志	警告工作人员不得接近设备的带电部分	设置在施工地点附近带电设备的遮挡上或室外工作地点的围栏上
安全出口 EXIT	安全出口指示灯牌	在发生紧急情况时，指引人员前往安全地带的一种指示灯具	设置在墙壁或紧急出口处
必须戴安全帽	指令标志	强制要求进入限制区域的人员必须戴安全帽	设置在限制区域的入口处

续表

示例	名称	作用	设置场所
	接地标记	明示接地点	设置在地排和金属外壳的地线接入点处
N	接零标记	明示零线与接零点	设置在零排或零线接入点处

二、认识施工工具设备

1．学习使用金属切割机切割工件

导轨等电工材料一般使用金属切割机进行切割，如图 1–2–13 所示。查阅金属切割机的相关操作规程，将下列金属切割机使用前的注意事项补充完整，并在教师指导下进行操作练习。

图 1–2–13　金属切割机

（1）金属切割机在使用前应进行部件检查和环境检查，所涉及的项目包括：

1）电源电压应与金属切割机__额定__电压相同。

2）金属切割机电源线应完好，并摆放正确。

3）金属切割机开关应正常，无__破损__。

4）检查金属切割机周围是否有易燃、易爆物品，如有应移除。

5）金属切割机放置应__平稳__、__牢固__。

6）切割片应无破损、无__裂口__。

7）切割片的__松紧度__应合理，防止切割片崩裂。

8）切割片护罩或安全挡板应安装牢固。

9）操作区域应有足够照明。

（2）为什么不能戴棉纱手套使用金属切割机?

答：因为切割机的切割片在工作时是高速旋转的，棉纱手套的纤维会被卷入切割片导致操作人受伤，所以不得戴棉纱手套操作。但是切割金属时，火花有可能会溅到手上引起烫伤，所以，应尽量戴长袖双层皮手套。

（3）在使用金属切割机时，应遵循下列操作注意事项：

1）启动金属切割机运行时，操作者不得将手放在距离切割片 15 cm 以内的位置。

2）切割时，操作者务必全神贯注，头脑清醒，文明操作。

3）在按下金属切割机把手之前，应观察周围是否有人，严禁任何人站在金属切割机后面，任何人不得 越过或绕过 金属切割机（因为切割时会产生大量火花）。

4）在按下金属切割机把手之前，应等待电动机达到 全速 。

5）按下金属切割机把手时，操作者必须偏离切割片 正 面，身体以斜侧 45° 角为宜。

6）按下金属切割机把手力度应 适中 、速度 均匀 ，不得强行用力进行切割操作，否则容易出现卡机、断片等故障。

7）如在切割过程中出现异常响声、设备抖动、卡机、断片，应 立即停机 。

（4）查阅相关资料，说明为什么关闭金属切割机开关后，在切割片未停转前，不得去取工件。

答：一方面，切割片还未停转，存在安全隐患；另一方面，在高速切割下工件会产生高温，容易烫手。

2．学习使用手电钻进行孔的加工

手电钻是一种常用的以交流电源或直流电源为动力的电动钻孔工具，属于手持式电动工具，如图 1–2–14 所示。查阅相关操作规程，了解使用注意事项，并在教师指导下进行操作练习。

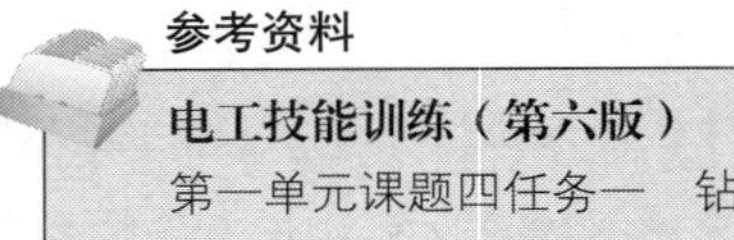
参考资料
电工技能训练（第六版）
第一单元课题四任务一　钻孔

图 1–2–14　手电钻

（1）在使用手电钻前应检查，包括检查电源线与开关装置是否安全、正常，以及进行__空转__调试，确保__传动__部分灵活、无异常响声、无松动。

（2）简述为手电钻更换钻头的方法。

答：1）一手拿住手电钻，一手转松夹头，以钻头能插入为准。

2）一手将钻头插入夹头中，一手转动夹头，使夹头夹住钻头。

3）一手拿稳机身，一手将钻夹头扳手插入钥匙口，顺时针转动钥匙使夹头夹紧钻头，并取下钻夹头扳手。

（3）在使用手电钻时，应遵循下列注意事项：

1）钻孔时，钻头与工件加工表面间应__垂直__，手电钻不要摇晃。

2）钻孔时，应尽量双手握持手电钻。

3）钻孔时，应先试钻浅坑，检查__孔位__是否正确。

4）钻孔时，应均匀加力，不能猛进，以防钻头__打断__。

5）钻孔时，应时常退刀清除__打断__。

6）使用手电钻时若发现换向器上火花大，手电钻过热，必须立刻__停止使用__。

3．学习使用攻螺纹工具进行螺纹加工

安装板等已钻孔的材料，在使用前还需攻螺纹，在工作量不大的场合，一般通过手用丝锥和铰杠进行手动攻螺纹操作，如图 1–2–15 和图 1–2–16 所示。查阅相关资料，学习螺纹加工的相关知识，回答以下问题，并在教师指导下进行操作练习。

图 1–2–15　手用丝锥

图 1–2–16　铰杠

（1）丝锥是攻螺纹的专用工具，它由工作部分和柄部构成，工作部分沿轴向开有沟槽，柄部会装入铰杠传递扭矩以攻螺纹。查阅相关资料，列举常用丝锥有哪些类型。

答：常用丝锥包括直槽丝锥、螺旋槽丝锥、梯形螺纹丝锥、螺尖丝锥等。

（2）对汇流排的通孔进行手动攻螺纹一般选择__直槽__丝锥。

（3）M6 以下手用小直径丝锥通常制成三支一套，分别称为头锥、二锥和三锥。查阅相关资料，指出分成三支的原因和三支丝锥在用途上的区别。

答：头锥、二锥和三锥的主要区别在于切削部分的锥度不同。由于小直径丝锥强度低，容易折断，故分别使用三个锥度不同的丝锥一次完成攻螺纹任务，先用头锥，后用二锥，再用三锥。使用二锥和三锥时，不要对丝锥施加径向压力。

（4）攻螺纹时，应遵循以下操作注意事项：

1）当丝锥切入 1 ～ 2 圈时，应目测或用直角尺在两个方向上检查丝锥与孔端面的垂直情况。

2）当丝锥切入 3 ～ 4 圈后，只能扳转铰杠，而不应再对丝锥加__压力__，否则螺纹牙型将被损坏。

3）当丝锥切入 3 ～ 4 圈后，每扳转铰杠__1 ～ 2__圈，就应倒转约__1 ～ 2__圈，使切屑碎断后容易排出，并减少因切削刃粘屑而使丝锥轧住的现象。

4）遇到攻不通的螺孔时，要经常<u>退出</u>丝锥，排除孔中的切屑。

5）在攻螺纹后退出时，不能<u>快速转动绞手</u>，尽量用手旋出，以保证已攻好的螺纹质量不受影响。

6）攻塑性材料的螺孔时，要加润滑冷却液。

4．学习小截面导线冷压端子的制作

小截面导线冷压端子一般使用压线钳（图 1–2–17）压制而成，查阅相关操作规程，在教师指导下进行操作练习。

图 1–2–17　各类压线钳

压线钳钳口台面有两个高度，靠外侧的较高，靠内侧的较低。这样设计的原因是什么?

答：因为小截面导线冷压端子配合压线钳使用时，压接区域和绝缘区域截面不同，压线钳钳口台面有两个高度，靠外侧的较高，靠内侧的较低，可以保证压接后，导线与端子之间接触良好、牢固。

三、完善施工设计

1. 查阅相关资料，简述低压动力线路中相线截面积的选择方法。

答：低压动力线路因负荷电流较大，一般优先按发热条件选择相线截面积。

参考资料

企业供电系统及运行（第六版）

§5–5　电力线路导线截面的选择

2．查阅相关资料，简述低压动力线路中，中性线截面积的选择方法。

答：在低压动力线路中，中性线要通过不平衡电流或零序电流、谐波电流，因此，中性线的允许载流量不应小于三相系统中的最大不平衡电流，同时应考虑谐波电流的影响。一般情况下，三相四线制的中性线截面积应大于等于相线截面积的一半。

3．依照负荷计算结果和低压动力线路导线截面积的选择方法，试以环境温度 40 ℃为参照，选择本任务所需相线与中性线。

答：本任务计算电流为 45.2 A，使用 BV 绝缘导线明敷。根据查表结果，以环境温度 40 ℃为参照时，BV 绝缘导线明敷 6 mm^2 的允许载流量为 45 A，BV 绝缘导线明敷 10 mm^2 的允许载流量为 66 A。根据导线选择方法，本任务相线采用 10 mm^2 BV 绝缘导线明敷，中性线可采用 6 mm^2 BV 绝缘导线明敷。

技术标准中的相关数据可扫描下方二维码查看。

4．按照《施工现场临时用电安全技术规范》（JGJ 46—2005）的规定，PE 线所用材质与相线、工作零线（N 线）相同时，其最小截面积应符合对应的规定，配电装置和电动机械相连接的 PE 线应为截面积不小于 2.5 mm^2 的绝缘多股铜线。如果选择的导体不是标准尺寸，应靠向标准导线值。查阅相关资料，写出 PE 线所用材质与相线、工作零线（N 线）相同时，PE 线最小截面积与相线之间关系的要求。

相线芯线截面积	PE 线最小截面积
$S \leq 16\ mm^2$	$>S$
$16\ mm^2<S<35\ mm^2$	16 mm^2
$S>35\ mm^2$	$S/2$

四、制订工作计划

根据施工任务的资料信息，结合已知参数与现场勘察的实际情况，讨论并制订本小组的工作计划，合理选择任务所需的电气元件、电工工具和电工材料，绘制本任务的各类施工图纸，并补填学习活动 1 中工作任务联系单的相关内容。

1．此类任务的基本施工步骤

（1）选择电气元件、材料与工具，并领取、查验、按需加工。

（2）在安装板上敷设导轨，安装各电气元件。

（3）布设线路。

（4）将安装板固定在配电箱内，并布设各接地线。

（5）粘贴标签，并清理箱内。

（6）通电前进行安全测试。

（7）通电调试。

（8）调试完毕清理现场。

2．细节讨论

明确基本施工步骤后，根据本任务的具体情况，进行小组讨论并确定以下几方面的内容：

（1）人员的基本分工。

（2）本任务的布线形式。

（3）本任务所涉及的电气元件、电工工具和电工材料。

（4）本任务的各类施工图纸。

（5）每个环节所需要用到的工具和材料。

（6）各个环节的用时。

（7）有交叉作业情况时的人员、材料安排。

（8）作业现场安全防护措施。

3. 本任务各类施工图纸的绘制

查阅相关资料，合理选择任务所需的电气元件、电工工具和电工材料后，分别绘制出本任务的元件布置图和安装接线图。

参考资料

机械与电气识图（第四版）

第五章　典型电气图的识读

扫描以下二维码，查看元件布置图和安装接线图参考示例。

元件布置图

安装接线图

4．工作计划制订

将以上内容的讨论结果进行归纳整理，制订本小组的工作计划。

（1）根据小组讨论确定的施工负责人和小组成员分工，填写表 1–2–2。

表 1–2–2　小组成员分工

姓名	分工

（2）根据小组讨论确定的主要电气元件、电工工具和电工材料，填写表 1–2–3。

表 1–2–3　　施工所需主要电气元件、电工工具和电工材料清单

序号	元件、工具或材料名称	型号	单位	数量	备注
1	施工工地用移动式配电箱	400 mm × 400 mm × 150 mm，带点焊螺柱，附可拆卸安装板，带单开箱门，带 MS304–B 箱门门锁	台	1	
2	试验电动机	Y80M2–4，380 V，50 Hz，750 W，1.57 A，1 390 r/min	台	1	
3	导轨	C45，1 mm 厚	米	1	
4	紧固件	C45 导轨通用型	个	4	
5	微型断路器	DZ47–60/3–D50	只	1	
6	微型漏电断路器	DZ47LE–63/4–C50	只	1	
7	大电流接线端子	TD605，60 A，5 位，带导轨	套	2	
8	地排	2 mm × 15 mm，3 孔	只	1	
9	零排	2 mm × 15 mm，3 孔，带低压绝缘子	只	1	
10	过孔保护圈	ϕ25，开孔 30 mm	只	2	
11	绝缘导线	BV–500–1 × 10 mm^2，黄色	米	1	
12	绝缘导线	BV–500–1 × 10 mm^2，绿色	米	1	
13	绝缘导线	BV–500–1 × 10 mm^2，红色	米	1	
14	N 线	BV–500–1 × 6 mm^2，淡蓝色	米	1	
15	PE 线	BV–500–1 × 10 mm^2，黄绿相间	米	1	
16	编织软铜接地线	6 mm^2，200 mm	只	1	
17	冷压端子	DT–10 mm^2	只	若干	
18	冷压端子	DT–6 mm^2	只	若干	
19	扎带	3 × 150 mm	只	若干	
20	自粘式扎带固定座	12.5 mm × 12.5 mm	只	若干	
21	自粘式扎带固定座	25 mm × 25 mm	只	若干	
22	设备标签	/	/	若干	
23	地、零标签	/	/	若干	
24	警示胶带	黄 / 黑	卷	若干	
25	安全隔离网	/	副	若干	
26	各类螺栓与螺母	/	副	若干	
27	电工常用工具	/	套	1	

续表

序号	元件、工具或材料名称	型号	单位	数量	备注
28	压接钳	HS-16，1.25 ~ 16 mm^2	把	1	
29	金属切割机	355 型	台	1	
30	手电钻	博世 GSB180-LI	把	1	
31	丝锥绞手	M1 ~ M8	只	1	
32	手用丝锥	M4、M6、M8	套	1	
33	万用表	MF47	只	1	

（3）根据小组讨论确定的各个环节的用时，制定具体施工工序及完成的时间点，填写表 1-2-4。

表 1-2-4　　工序及工期安排

序号	工作内容	完成时间	备注
1	元件、工具与材料准备、查验，并按需加工		
2	安装电气元件		
3	布设线路		
4	固定安装板并布设接地线		
5	粘贴标签，清理箱内		
6	通电前的安全测试		
7	通电调试		
8	清理现场		

（4）根据小组讨论确定的结果，制定作业现场安全防护措施。

关于作业现场安全防护措施的制定，应注意提示学生注意以下几个方面：

1）应在整个工作区域外围设置安全隔离网，禁止非本组施工人员随意出入。

2）电气元件、电工材料、电工工具、劳保用品、电工仪表、卫生工具等物品的堆放区，材料加工区和现场施工区应合理划分，并在地面上用警示胶带明示区域范围。

3）进入工作区域必须穿着长袖长裤工作服，佩戴安全帽、劳保手套和防砸防刺劳保鞋。进行电工材料加工时，应按不同的施工工具操作要求，穿戴不同的劳保用品。

学习活动3 现 场 施 工

学习目标

1. 能按规程应用必要的安全隔离措施和安全标志，准备现场工作环境。

2. 能根据任务需要完成元件和材料的检查、加工及安装等工作。

3. 能按照图纸要求、配电箱电气安装规范工艺要求、世界技能大赛电气安装技术标准和场地情况，运用线路明敷、捆扎布线等工艺，完成施工任务。

4. 施工后，在通电之前，能正确使用仪表检查电气装置，包括绝缘电阻检查、接地连续性检查、极性检查和目测检查，并排除相应故障。

5. 能按相关技术指标要求，通电检查所安装设备的全部功能，确保装置的正确运行。

6. 能在作业过程中严格执行企业操作规范、安全生产制度、环保管理制度以及6S管理规定，严格遵守从业人员的职业道德，具有吃苦耐劳、爱岗敬业的工作态度，精益求精的质量管控意识和职业精神。

7. 作业完毕，能按车间现场6S管理和产品工艺流程的要求，清点、整理工具，收集剩余材料，清理工程垃圾，拆除防护措施，整理现场。

建议学时：18学时

学习过程

一、现场施工准备

在移动式配电箱安装任务中，应严格实施质量管理，做到：材料不合格不投料；上道工序不合格不流入下道工序；零件、元器件不合格不装配；装配不合格不检验；检验不合格不出厂。除此之外，应在工作现场采取必要的安全隔离措施和使用安全标志，清理影响施工的杂物，准备现场工作环境。

1．将安全隔离措施装置或安全标志安放情况记录在表 1–3–1 中。

表 1–3–1　　安全隔离措施装置或安全标志安放情况

安全隔离措施装置或安全标志	位置	目的
安全隔离网	设置在工作区域外围	防止无关人员进入工作区域
警示胶带	设置在工作区域内不同工作项目区之间的地面上	区分元件与材料堆放、工具堆放、材料加工、设备安装等不同工作项目区
设备标签	电气元件上	用来表明电气元件在本设备中的功能
导体标记	电气元件的导体上	用来表明该导体的相序
接零、接地标记	零排、地排旁和安装板、箱体、箱门接地点旁	用来明示接零与接地点

2．除了对现场的准备工作外，施工人员自身应做好哪些防护准备？在小组内讨论一下，看看自己考虑得是否全面，并记录下来。

答：施工人员应佩戴安全帽、棉纱手套、皮手套、护目镜、口罩等，并穿好工作服。

二、电气元件安装

1．元件、工具与材料的准备、检查

查阅资料学习相关知识，准备任务所需元件、工具与材料，并进行检查，写出其中配电箱箱体检查的工作内容。

答：配电箱本体外观检查应无损伤及变形，油漆应完整无损、色泽一致。

2．按需加工电工材料

在安装电气元件前，应先按需加工好各电工材料，包括切割导轨、在安装板上钻孔与攻螺纹等，以方便安装。

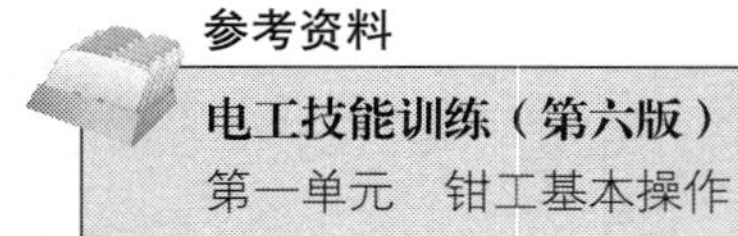

参考资料

电工技能训练（第六版）
第一单元　钳工基本操作

（1）查阅相关资料，正确选择加工导轨和汇流排的测量工具、画线工具和切割工具。

答：测量距离一般使用钢直尺和游标卡尺，画线一般使用钢直尺或角尺，切割工具一般为切割机或汇流排切断机。

（2）切割导轨时注意导轨切口应平直，端头应倒角无毛刺。切口与导轨应垂直还是成 45° 角?

答：切口与导轨应成 45° 角。

（3）安装板上需要攻螺纹，底钻孔直径只可以是内螺纹的小径，不能是公称直径（大径）。

1）查阅相关资料，说明何为内螺纹的小径，何为内螺纹的公称直径（大径）。

答：与内螺纹牙顶相重合的假想圆柱体直径称为内螺纹的小径，与内螺纹牙底相重合的假想圆柱体直径称为内螺纹的公称直径（大径）。

2）查阅相关资料，为 M8 螺栓的钻孔和攻螺纹正确选择钻头和手用丝锥。

答：钻内螺纹孔时，钻头直径等于螺纹大径与螺距之差。查资料可得，M8 粗牙螺栓的螺距为 1.25 mm，所以选用 ϕ6.75 mm 的钻头。攻螺纹时选用 M8 丝锥套装（两只装）。

3．安装电工材料与电气元件

准备工作结束后，开始安装导轨等电工材料，再安装开关、进出线缆接线端子、汇流排等电气元件，开关两端需加装固定件。

所有电气元件的布置要合理，产品外观要整齐、美观，安装应平稳端正、牢固，无松动现象，不应受到额外的导线拉力。按图施工，如图上无明确规定，则以中心线为准左、右布置，以利于导线的合理安排。同一型号规格的电气元件必须按相同方式安装，保持一致，使之外观整齐、标识清楚。

（1）按照《测量、控制和实验室用电气设备的安全要求　第 1 部分：通用要求》（GB 4793.1—2007）的规定，低压配电 / 动力箱内一次回路带电体间及带电体和骨架间，安装时应满足表 1–3–2 列出的电气间隙和爬电距离。

表 1–3–2　　一次回路带电体电气间隙与爬电距离

类别	电气间隙 /mm	爬电距离 /mm
交直流低压配电柜	10	12
交直流低压动力箱	10	12
交直流低压照明箱	5.5	6.3

查阅上述国家标准，说明什么是电气间隙和爬电距离。

答：电气间隙是指裸露的不同电位的两个导电部件之间最短的空间直线距离。

在不同电位的两个导电部分之间沿绝缘体表面的最短距离称为爬电距离。

（2）敷设导轨时，水平或垂直允许偏差为其长度的2‰，全长最大允许偏差为 ±1 mm。同一直线的导轨不允许两段连接，每段导轨的固定点不应少于几个?

答：每段导轨的固定点不应少于 2 个。

（3）螺栓、螺母等均应有良好保护镀层，方可用于装配。国家标准中规定，安装电气设备的紧固螺栓应拧紧，无打滑现象，并采取弹簧垫圈及平垫圈等防松措施，元件的安装倾斜度不得大于5°。拧紧的标准以弹簧垫圈压平为准，拧紧后的螺纹以露出螺母 2 牙为宜，最长不能超出 8 牙。不接线的螺栓也应拧紧。查阅相关资料，回答以下问题。

1）螺栓、螺母为什么要有保护镀层?

答：螺栓、螺母一般需要镀锌或镀镍，这样可以使电工材料的耐腐蚀性更好，使用时间延长且美观环保。

2）简述弹簧垫圈及平垫圈在装配中的作用。

答：平垫圈的作用是增大螺栓的受力面积，保护元器件表面。

弹簧垫圈的作用是加大螺栓的受力，增强紧固作用，防止螺栓在震动过程中松动。

3）为什么不连接导线的螺栓也应拧紧?

答：不连接导线的螺栓也应拧紧是为了防止在运输与使用过程中，螺栓因外力脱落，导致不可预见的电气事故和安全隐患。

（4）通过导轨卡座安装的元件，卡扣应完全卡住导轨，元件装卸卡扣位置应位于元件的哪一侧?

答：元件装卸卡扣应位于元件下方。

（5）元件安装后，如何在贴纸标签前，防止电气线路布设与接线时混淆同类型元件的编号?

答：元件安装后，应先用铅笔在安装板上元件旁写出代号，防止接线时出现错误。接线和贴纸标签完毕，再擦除事先用铅笔写好的代号。

三、电气线路布设与接线

1．施工前应准备好布线材料和工具，不同相序的导线和地线应采用带有相应色标的绝缘铜线。布线前，应预先测量好大致长度再落料，落料后的导线须拉勒挺直。

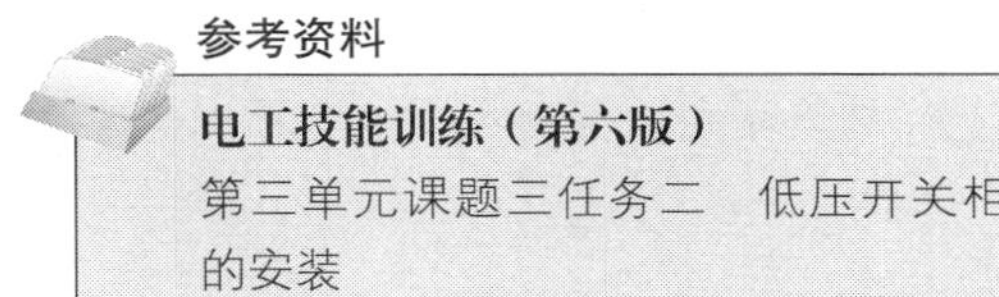

参考资料

电工技能训练（第六版）

第三单元课题三任务二　低压开关柜的安装

（1）明敷布设导线应符合布线顺序和工艺要求，图 1-3-1 所示为一个工程案例。查阅相关资料，简要描述布线顺序的工艺要求。

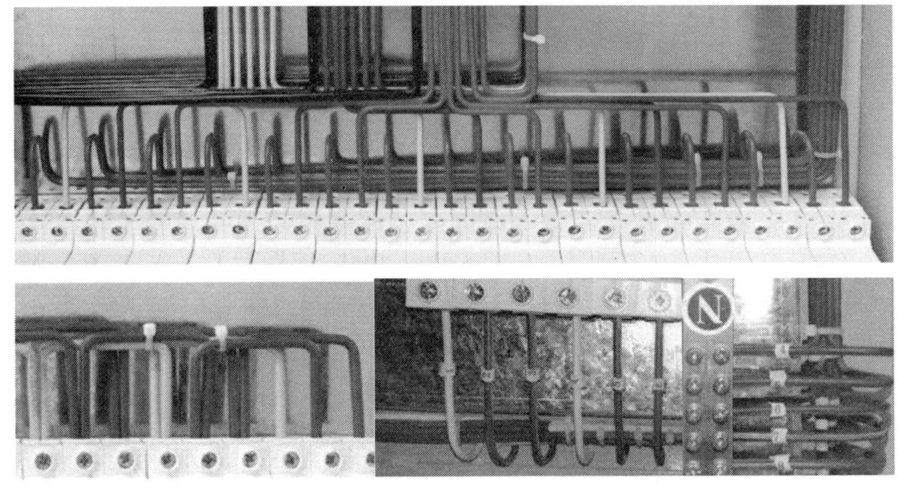

图 1-3-1　明敷布设导线的工程案例

答：布线顺序应从上到下，从里向外，按顺序逐次接线。布线应布局合理、层次分明、整齐美观、横平竖直，有统一的接线方向，走线成束，尽量减少弯曲和交叉。对于同一型号多台设备，布线的方式应做到统一，以便检修。

（2）查阅相关资料，简述明敷布设导线时导线与金属板的距离要求。

答：明敷布设导线时导线与金属板应保持 6 mm 以上的间隙。

（3）查阅相关资料，简述明敷布设导线的弯曲工艺要求。

答：明敷布设导线，截面积不大于 8 mm^2 时，其弯曲半径应大于其外径的 3 倍，弯曲时禁用带齿钳子，不允许有焊接或铰接接头，以防损坏绝缘层或破坏带电性能。

（4）查阅相关资料，描述利用线扎进行捆扎敷线的工艺要求。

答：1）利用线扎进行捆扎敷线时，同一线束使用的扎带规格要统一。

2）捆扎间距要均匀，最大捆扎间距不大于 100 mm。

3）扎带拉紧切断后，应不割手且留有余量，余量小于 1 mm，扎带口一律向内。

4）在与自粘式扎带固定座配合进行固定时，不允许超过 50 cm 的线束自由悬空。

2．导线接入电气元件接点前，应先剥除掉适当长度的绝缘外皮，安装并固定冷压端子，再接入电气元件接点。查阅相关资料，简述导线绝缘剥除的工艺要求。

答：剥除导线绝缘层时不得损伤线芯，也不得损伤未剥除的绝缘层，多股导线剥去绝缘层的芯线不得有断芯。切口应平整，并尽可能垂直于线芯轴心线。线芯上不得有油污、残渣。设导线端部的绝缘剥除长度为 L，当导线端部用管状冷压端子（闭口）时，L 取线芯插入管状冷压端子套筒的长度再加上 2 ~ 3 mm；当导线端部用板状冷压端子（开口）时，L 取线芯插入管状冷压端子套筒的长度再加上 1 ~ 2 mm；当导线端部无冷压端子时，L 取元件接点插入式接线板的插接长度。

3．查阅相关资料，简述导线接入电气元件接点时的相关要求。

答：导线接入电气元件接点可采用螺栓连接、插接、焊接或压接等方法，导线接入应牢固、可靠、美观、排列整齐，外部接线不得使电器内部受到额外应力，一个接入点最多不超过两根导线。

导线绝缘良好、无损伤，导线绝缘与冷压端子间应无裸露部分。截面积为 10 mm^2 以下的单股铜芯线可直接与电气元件的接点连接。未加工冷压端子的导线接入点应无裸露部分（从垂直方向观察），且不得将绝缘层接入电气元件接点。

四、固定安装板，布设各接地线，粘贴标签清理箱内

1．安装板内施工完成后，将安装板固定到配电箱内。查阅相关资料，简述箱体安装的相关要求。

答：（1）箱体安装应平稳端正、牢固、无松动现象。

（2）漆层、镀层无起泡、脱落、麻点。

（3）箱门必须有门锁，门锁应开闭灵活。

（4）箱门开启角度不得小于 90°，不得大于 180°，在开启过程中不应使电气元件受到冲击。

2．查阅相关资料，简述标签粘贴的相关要求。

答：设备铭牌、电气元件标签、导体标签和接地符号应完整、正确、清楚、明显，应保持水平，不能倾斜，不能有松动、脱落现象，整体应美观。对于配电柜内会经常接触和擦拭的部位，不得进行产品标牌的固定安装。

3．查阅相关资料，简述施工后箱内应做哪些清理工作。

答：应清理箱内工具和材料，清理绝缘外皮等易见的杂物，用吸尘器或磁铁清理铁屑，不得采用压缩空气吹洗箱内。

五、回顾、思考，总结问题

在整个安装过程中遇到过什么问题？是如何解决的？ 在表 1–3–3 中记录下来。

表 1–3–3　安装过程中遇到的问题和解决方法

所遇问题	解决方法

六、安全测试与通电调试

1．施工完毕，先进行直观检查。查阅相关资料，简要描述直观检查的项目有哪些。

答：直观检查的项目主要有外观检查、元件安装检查、线路布设与接线检查、标签贴制检查等。

2．通电前应首先检查线路是否存在断路的问题，也要粗略测量箱内接地电阻，判断是否正常，通常使用万用表的电阻 R×1 挡完成。将开关闭合后，实际测量每相导线进出点、N 线进出点的通断情况，将测量结果填入表 1–3–4 中。

表 1–3–4　　线路导通情况记录表

测量位置	线路状态（正常 / 不正常）	解决措施

3．在世界技能大赛“电气装置”项目中，接地连续电阻是一个重要的评价指标，按照技术文件，主接地端和装置上所需接地的任意一点之间的接地连续电阻不能超过 0.5 Ω。实际测量地排与箱体、箱门之间的接地连续电阻情况，将测量结果填入表 1–3–5 中。

表 1–3–5　　箱内接地情况记录表

测量位置	实际测量值 /Ω	理论值 /Ω	状态（正常 / 不正常）	解决措施
		≤ 0.5		
		≤ 0.5		
		≤ 0.5		

4．通电前，还需检查设备的相间和相对地的绝缘电阻是否合格，包括：在开关断开时，同极的每个开关的进线端及出线端之间；在开关闭合时，不同极的带电部件之间，相线与零线、地线、金属外壳之间。世赛相关技术文件要求：“任意带电导体与任意接地导体之间的最小电阻不能小于 1 MΩ，使用绝缘电阻测试仪，用 500 V 直流电压进行测试。”利用兆欧表进行实际测量，将测量结果填入表 1–3–6 中。

表 1-3-6　　绝缘电阻情况记录表

测量位置	所涉及开关文字符号	开关状态（闭合/断开）	实际测量值/MΩ	理论值/MΩ	线路状态（正常/不正常）	解决措施
				⩾ 1		
				⩾ 1		
				⩾ 1		
				⩾ 1		
				⩾ 1		
				⩾ 1		
				⩾ 1		
				⩾ 1		
				⩾ 1		
				⩾ 1		
				⩾ 1		
				⩾ 1		
				⩾ 1		

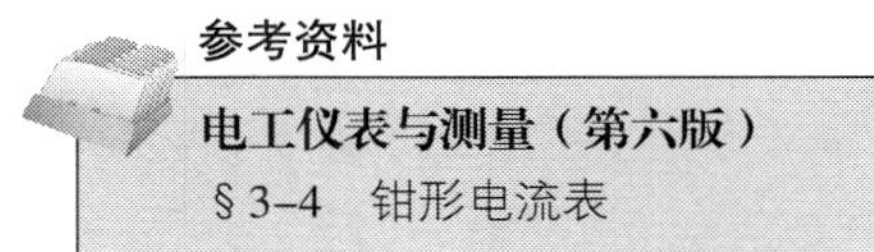
参考资料
电工仪表与测量（第六版）
§3-4 钳形电流表

5．断电测试无误后，经教师同意，可进行通电调试。接入三相电源，并在设备出线侧连接试验用电动机。通电调试至少有两人在场。

查阅相关资料，了解通电调试的方法和注意事项，回答以下问题，完成调试。

（1）钳形电流表是一种用来测量线缆交、直流电流的便携式仪表，使用时仅需将被测导线夹入钳口，并关闭钳口，即可读数。

1）在用钳形电流表测量线路电流时，可以一次夹几根线，为什么？

答：在用钳形电流表测量线路电流时，一次只能测量一根导线，否则测量出的数据没有意义。

2）测量时严禁钳形电流表在夹住被测导线时更换仪表挡位。为什么？

答：因为钳形电流表表头的耐电流值较低。正常使用时，表头与分流电阻并联，使用二次电流中较小的一部分来完成测量，而换挡瞬间会断开分流电阻，使全部二次电流流入表头，容易烧毁仪表。

（2）按要求进行通电调试，并将结果填入表 1-3-7 中。

表 1-3-7 通电调试情况记录表

测试项目	测试结果（正常 / 不正常）	故障现象	故障原因	检修过程
按顺序闭合断路器，查看断路器在带电状态下分合动作是否正常				
按顺序闭合断路器并连接试验电动机，查看电路功能是否正常，并用钳形电流表测量线路电流后与试验电动机额定数据进行比对，判断是否正常				
对各开关连续分断闭合闸 5 次，查看开关的响应是否正常				
在开关闭合状态下，检验漏电试验时开关是否能顺利分断				

七、清理现场及交验

1．查阅世赛相关评分标准，施工完毕应做哪些清点和整理工作?

答：施工完毕，应将工位清理干净，清点、整理工具与资料，清点、收集剩余材料，清理工程垃圾并分类丢弃，拆除防护措施。

2．施工完毕，按照工作任务联系单要求交付验收负责人验收，填写表 1–3–8 所示项目验收评价表，并补全学习活动 1 中工作任务联系单的相关内容。

表 1–3–8　项目验收评价表

项目	验收评价意见		
	合格	不合格	存在的问题
电气元件的选择			
电工材料的选择与加工			
电工工具和防护措施的选择			
布局、尺寸与功能的按图施工情况			
电气元件安装工艺情况			
电气线路布设工艺情况			
标签粘贴工艺情况			
安全测试的情况			
通电调试的情况			

3．验收负责人还提出了哪些意见或建议？你是如何回答的?

学习活动 4 工作总结与评价

学习目标

1. 施工项目验收后，能以小组形式，积极主动地展示和汇报工作成果。

2. 能完成对学习过程的综合评价。

建议学时：4 学时

学习过程

一、工作总结

以小组为单位，选择演示文稿、展板、海报、录像等形式中的一种或几种，向全班展示、汇报学习成果。

二、综合评价

以小组为单位，展示本组成果。根据表 1–4–1 中的评分标准进行评分。

表 1–4–1 评分标准

序号	项目	配分	技术要求与评分标准	现场记录与评分			
				现场记录	自我评价	小组评价	教师评价
1	健康与安全（5 分）	2	施工过程中正确设置相应的安全标志，正确穿戴工作服等安全防护用品，无违反健康与安全要求的行为。每违反一项，扣 0.5 分				
		1	施工过程中及施工结束后始终保持场地整洁。每出现一处不符合要求，扣 0.5 分				
		1	箱体、柜门等设备正确接地，通过地排进出。每出现一项错误，扣 0.5 分				
		1	需要接入中性线的电气元件正确接零，通过零排进出。每出现一项错误，扣 0.5 分				

续表

序号	项目	配分	技术要求与评分标准	现场记录与评分			
				现场记录	自我评价	小组评价	教师评价
2	安全测试（7分）	3	正确测试各接地连续电阻且方法正确。每出现一项错误，扣1分				
		3	正确测试各绝缘电阻且方法正确。每出现一项错误，扣1分				
		1	正确填写安全测试报告。每出现一项错误，扣0.5分				
3	通电调试（25分）	3	通电调试操作方法正确。错误，不得分				
		22	通电调试成功且功能正确，无须再次通电，得满分 第二次通电调试成功且功能正确，得11分 第二次通电调试未成功或功能不正确，不得分				
4	电路设计（13分）	1	电气元件布局正确、有序。有安全隐患，不得分				
		2	断路器容量与型号选用正确。每出现一项错误，扣1分				
		2	接线端子容量与型号选用正确。每出现一项错误，扣1分				
		2	地排、零排容量与型号选用正确。每出现一项错误，扣1分				
		1	供电线路导线颜色选用正确。错误，不得分				
		2	供电线路导线规格选用正确。每出现一项错误，扣1分				
		1	零线和地线颜色选用正确。错误，不得分				
		2	零线和地线导线规格选用正确。每出现一项错误，扣1分				
5	尺寸测量（8分）	2	按图施工，安装板的安装孔尺寸测量正确。每处误差超过5 mm，扣1分				
		3	按图施工，电气元件导轨的安装孔尺寸测量正确。每处误差超过5 mm，扣1分				
		3	按图施工，电气元件的安装尺寸测量正确。每处误差超过5 mm，扣1分				
6	元件与设备的安装（20分）	15	所有电气元件与电气材料固定牢固，无晃动或移动。每出现一处不符合要求，扣3分				
		3	安装板固定牢固无晃动。不符合要求，不得分				
		2	元件标签与安全标志正确齐全。每出现一处不符合要求，扣0.5分				

续表

序号	项目	配分	技术要求与评分标准	现场记录与评分			
				现场记录	自我评价	小组评价	教师评价
7	布线与终端（20分）	3	整体布线布局合理，整齐、美观，走线成束，线束弯曲半径均匀，满足明敷、捆扎敷设工艺要求。每出现一处不符合要求，扣1分				
		2	绑扎带绑扎正确，使用合理，切断后不割手且留余，并小于1 mm。每出现一处不符合要求，扣0.5分				
		2	所有导线不能交叉进入元件，导线弯曲半径均匀。每出现一处不符合要求，扣0.5分				
		13	所有导线正确终止，无松动与露铜，导线外表无伤痕。每出现一处不符合要求，扣1分				
8	电气材料加工工艺（2分）	1	导轨的落料符合工艺要求，无毛刺。每出现一处不符合要求，扣0.5分				
		1	电气材料的钻孔、攻螺纹符合工艺要求。每出现一处不符合要求，扣0.5分				
总配分		100	总得分	/			

世赛知识

世界技能大赛的竞赛项目与竞赛内容

每届世界技能大赛均包含大量竞赛项目，以俄罗斯喀山举办的第45届世界技能大赛为例，分六种竞赛领域，共56个竞赛项目。六种竞赛领域分别是：结构与建筑技术、创意艺术与时尚、信息与通信技术、制造与工程技术、社会及个人服务、运输与物流。

“制造与工程技术”领域是机类、电类专业最为相关的领域，共包含16个竞赛项目，是竞赛项目最多的竞赛领域，包括：数控铣、数控车、化学实验室技术、建筑金属构造、电子技术、工业控制、工业机械装调、制造团队挑战赛、CAD机械设计、机电一体化、移动机器人、塑料模具工程、综合机械与自动化、原型制作、水处理技术、焊接等。其中，机电一体化和移动机器人为双人团体项目，制造团队挑战赛为3人团体项目。

“结构与建筑技术”领域中的“电气装置”项目是与工民用电气设备安装能力最为相关的项目，该项目是指运用传统技术和新兴技术，对各类商业或民用建筑的电气装置进行特定设计、安装、调试、运行的竞赛项目。本项目要求选手具有安装电工的操作技能，能使用提供的图纸和文档对安装工作进行规划和设计，能熟练掌握多种不同用途的线路系统的安装与调试，能够按照国家相关电气施工标准，根据施工图纸在模拟工作间内完成管路布局安装、电气线路安装、系统编程与调试，并能完成电气设备的诊断与维护。

“电气装置”项目竞赛内容包括三个模块，分别是：使用新兴技术进行电气设备安装、智能建筑设计编程（KNX）和装置测试与故障查找。

以第一个模块为例，竞赛内容与基本要求包括：

（1）比赛用时不超过13 h，包括设备调试和安装。

（2）竞赛材料全部由主办单位提供。

（3）在工作间的三面墙上和天花板上按要求完成安装。

（4）包含照明电路和电力插座电路的安装、配电板和保护设备的安装、三相电动机控制电路的安装。

（5）可能包含固定的家用电器电路、结构化的电缆布线系统、环境控制或门禁权限设备。

（6）包含一个选手要完成的设计任务。

（7）包含可编程设备（如西门子LOGO）的安装和设备设定。

（8）至少使用两种不同的电线电缆，如护套电缆（如VV或BV系列）、软导线（如RV或BVR系列）。

（9）至少使用三种不同的电缆支持保护系统，如金属线管、PVC线管、金属电缆桥架、PVC线槽等。

（10）需弯曲PVC线管时，可采用人工弯曲，金属线管不需弯曲。

（11）第二天比赛结束后进行安装部分的检测与评分（要求选手第二天完成所有墙面安装工作）。

（12）调试前要进行检查和测试，并记录测试结果，提交测试报告后方可通电测试。

学习任务二　挂壁式配电箱安装与调试

学习目标

1. 能根据工作任务联系单，明确工时、工作内容等要求。

2. 能正确识读电路图，并通过勘察施工现场，准确描述现场特征，取得必要的资料和数据。

3. 能正确识别刀开关、三相插座、浪涌保护器、电流互感器、低压转换开关、低压LED指示灯、低压熔断器等电气元件，以及走线槽、螺旋缠绕管、号码管等电工材料，了解其选择方法与安装使用方法。

4. 能根据勘察现场的结果和任务要求，完善施工设计，绘制相关图纸，选择电气元件、电工工具和电工材料，制订工作计划。

5. 能按规程应用必要的安全隔离措施和安全标志，准备现场工作环境。

6. 能根据任务需要，正确使用相关工具设备，完成元件和材料的检查、加工及安装等工作。

7. 能按照图纸要求、配电箱电气安装规范工艺要求、世界技能大赛电气安装技术标准和场地情况，运用线路明敷、捆扎、线槽布线等工艺，完成施工任务。

8. 施工后，在通电之前，能正确使用仪表检查电气装置，包括绝缘电阻检查、接地连续性检查、极性检查和目测检查，并排除相应故障。

9. 能按相关技术指标要求，通电检查所安装设备的所有功能，确保装置的正确运行。

10. 能在作业过程中严格执行企业操作规范、安全生产制度、环保管理制度以及6S管理规定，严格遵守从业人员的职业道德，具有吃苦耐劳、爱岗敬业的工作态度，精益求精的质量管控意识和职业精神。

11. 作业完毕，能按车间现场6S管理和产品工艺流程的要求，清点、整理工具，收集剩余材料，清理工程垃圾，拆除防护措施，整理现场。

12. 施工项目验收后，能以小组形式，积极主动地展示和汇报工作成果，完成对学习过程的综合评价。

建议学时

60学时

工作情境描述

工厂利用车间空闲场地，布置了一个机械加工维修室，内有金属切割机一台、小型钻床一台、砂轮机一台、电焊机一台，现需现场安装一台明敷挂壁式配电箱，为这些设备供电。项目部向电工班下达配电箱安装任务，工期为 16 h，任务完成后交项目部验收。

工作流程与活动

1．明确任务和勘察现场（6 学时）

2．施工前的准备（24 学时）

3．现场施工（26 学时）

4．工作总结与评价（4 学时）

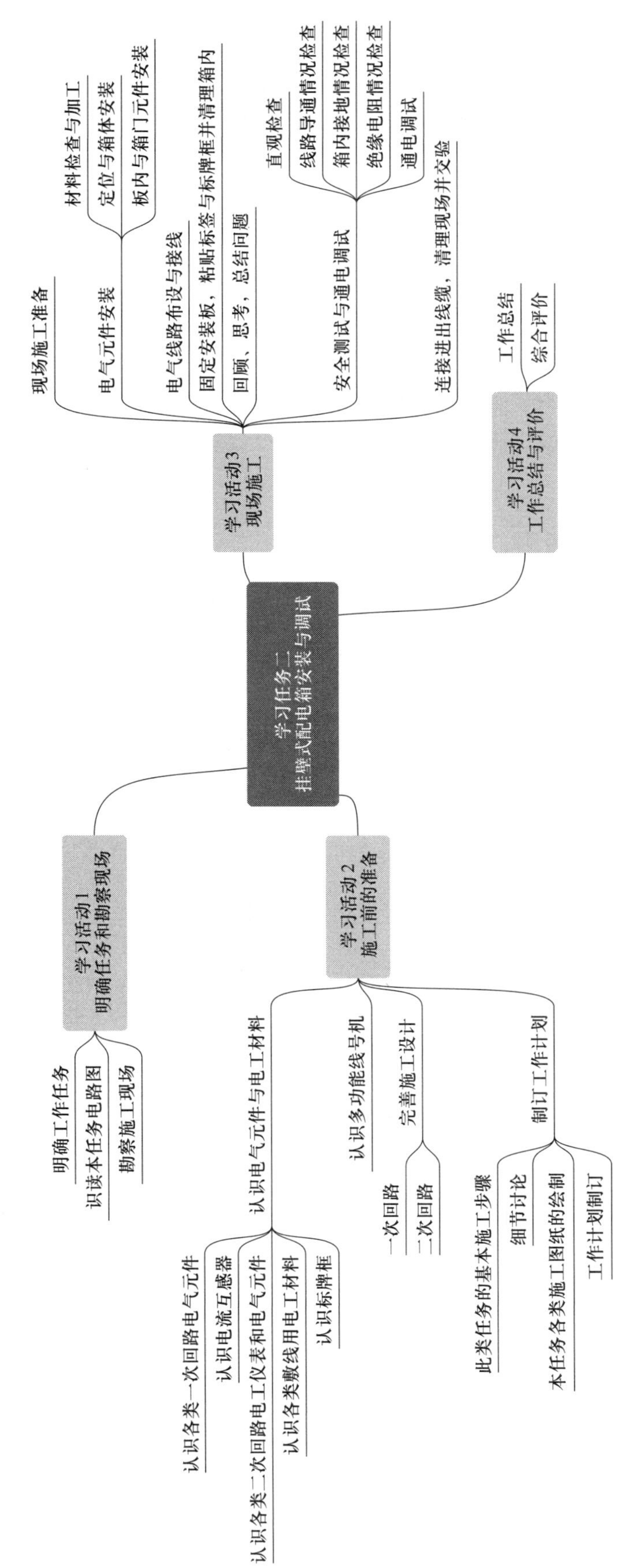
学习任务二
挂壁式配电箱安装与调试
学习活动1
明确任务和勘察现场
明确工作任务
识读本任务电路图
勘察施工现场
学习活动2
施工前的准备
认识电气元件与电工材料
认识各类一次回路电气元件
认识电流互感器
认识各类二次回路电工仪表和电气元件
认识各类敷线用电工材料
认识标牌框
认识多功能线号机
完善施工设计
一次回路
二次回路
制订工作计划
此类任务的基本施工步骤
细节讨论
本任务各类施工图纸的绘制
工作计划制订
学习活动3
现场施工
现场施工准备
电气元件安装
材料检查与加工
定位与箱体安装
板内与箱门元件安装
电气线路布设与接线
固定安装板，粘贴标签与标牌框并清理箱内
回顾、思考，总结问题
安全测试与通电调试
直观检查
线路导通情况检查
箱内接地情况检查
绝缘电阻情况检查
通电调试
连接进出线缆，清理现场并交验
学习活动4
工作总结与评价
工作总结
综合评价

学习活动 1　明确任务和勘察现场

学习目标

1. 能根据工作任务联系单，明确工时、工作内容等要求。

2. 能正确识读电路图。

3. 能勘察施工现场，准确描述现场特征，取得必要的资料和数据。

建议学时：6 学时

学习过程

一、明确工作任务

阅读工作任务联系单（表 2–1–1），以小组为单位讨论其内容，提炼主要信息，完成下列内容。

表 2–1–1　　工作任务联系单　　编号：

工作任务	挂壁式配电箱安装与调试		
工作任务详情	为车间新布置的机械加工维修室现场安装一台明敷挂壁式配电箱，施工用箱体为外购（已开孔）		
任务工期	16 h	验收单位	项目部
承接单位	电工班	施工负责人	张某某
施工人员	李某某、王某某、贾某某、程某某		
任务开工时间	××××年××月××日××时××分	任务完工时间	××××年××月××日××时××分
验收意见	合格		
施工负责人签字	张某某	验收负责人签字	魏某某

1．该项工作的主要内容是＿设计、安装和调试一个挂壁式配电箱，以满足机械加工维修室的供电需求＿。

2．该项工作所需安装的设备，其应用地点的性质是＿室内机械加工场所的低压配电＿。

3．该项工作的任务工期是＿16 小时＿。

4．该项工作交给你和同组人，你们的角色（单位）是＿承接单位＿。

5．该项工作完成后，应交给＿项目部＿进行验收。

二、识读本任务电路图

本任务的相关电路图示例如下：电气原理图如图 2–1–1 所示，本任务提供的挂壁式配电箱箱体外观如图 2–1–2 所示，本任务提供的配电箱箱门结构图如图 2–1–3 所示；配电箱箱门元件布置图的绘制样例如图 2–1–4 所示。

> **参考资料**
>
> **机械与电气识图（第四版）**
>
> 第五章　典型电气图的识读

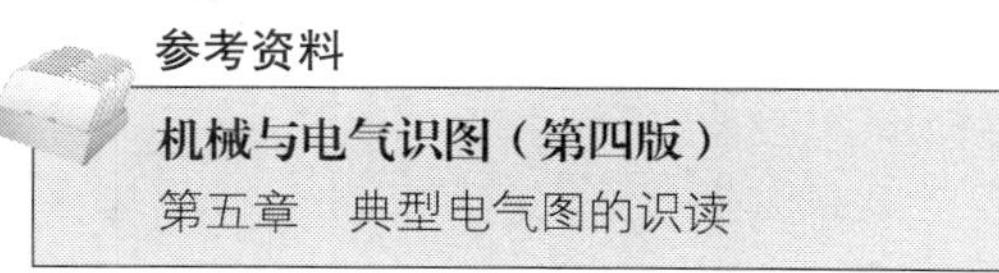

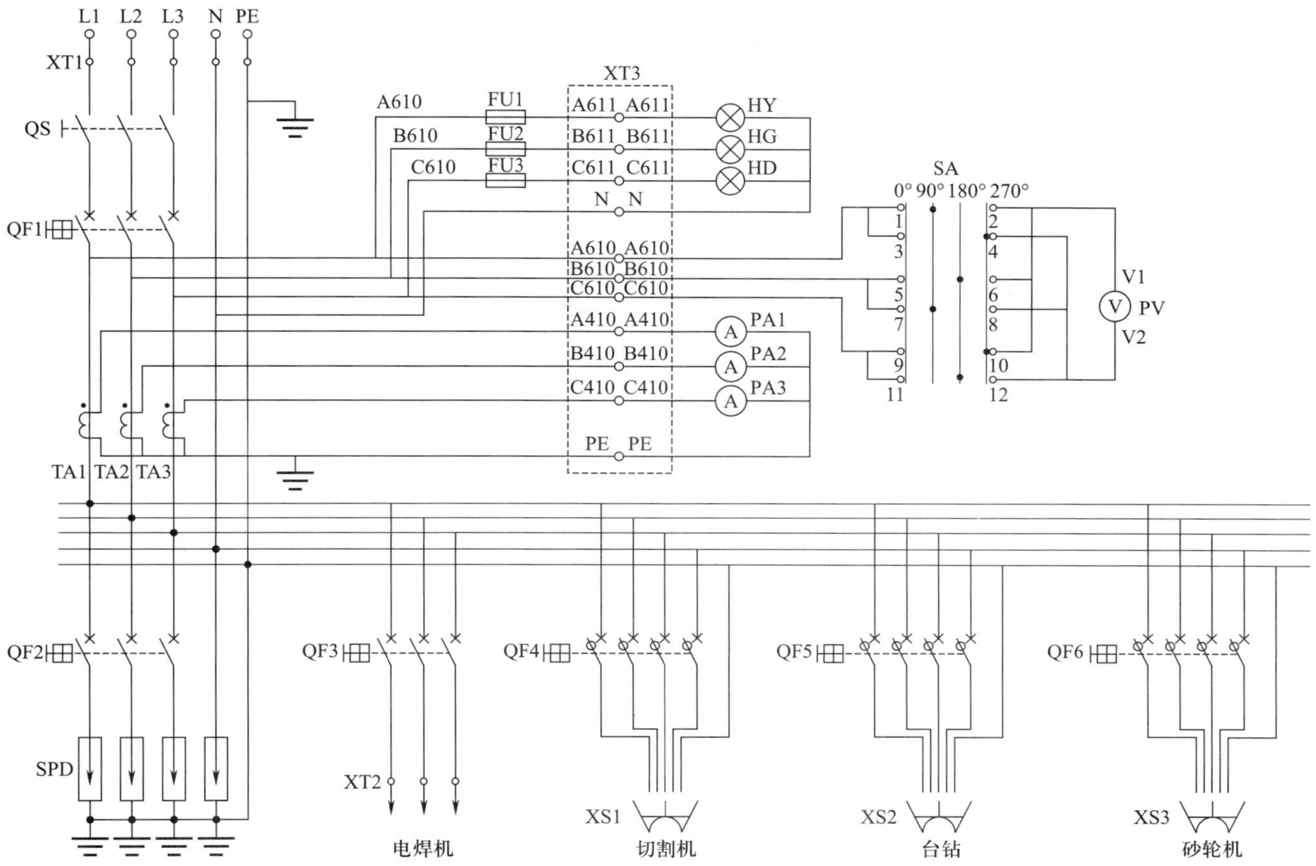

图 2–1–1　本任务电气原理图

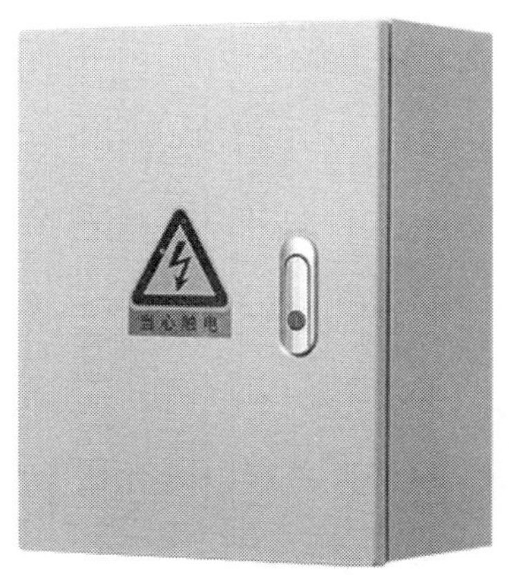

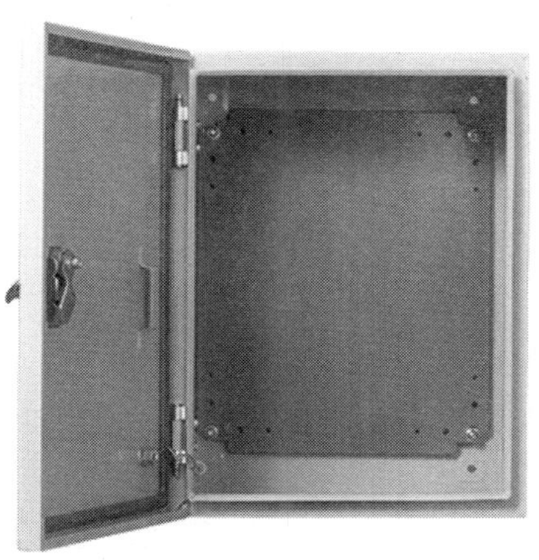

图 2–1–2　本任务提供的挂壁式配电箱箱体外观

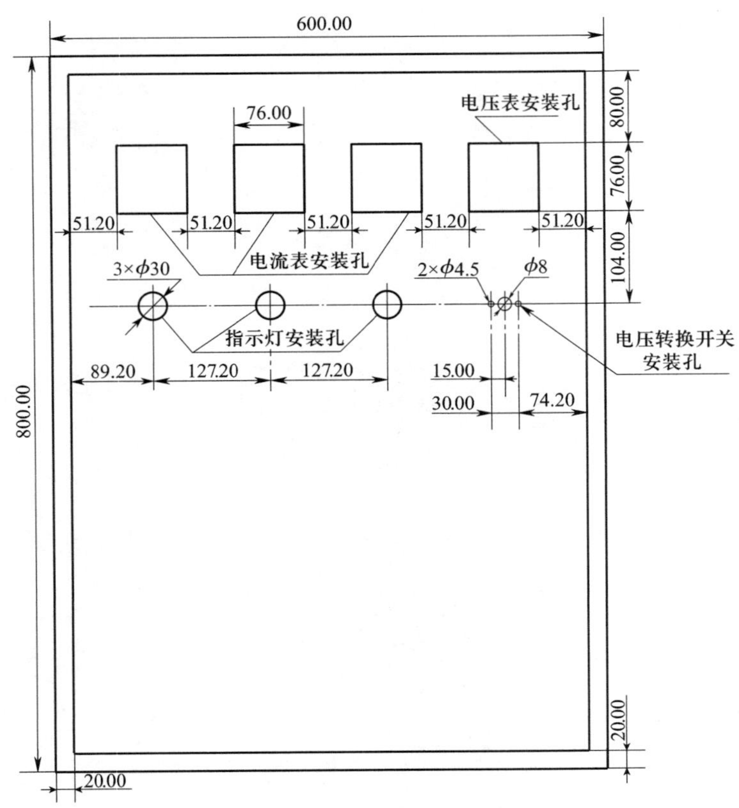

图 2-1-3　本任务提供的配电箱箱门结构图（单位为 mm）

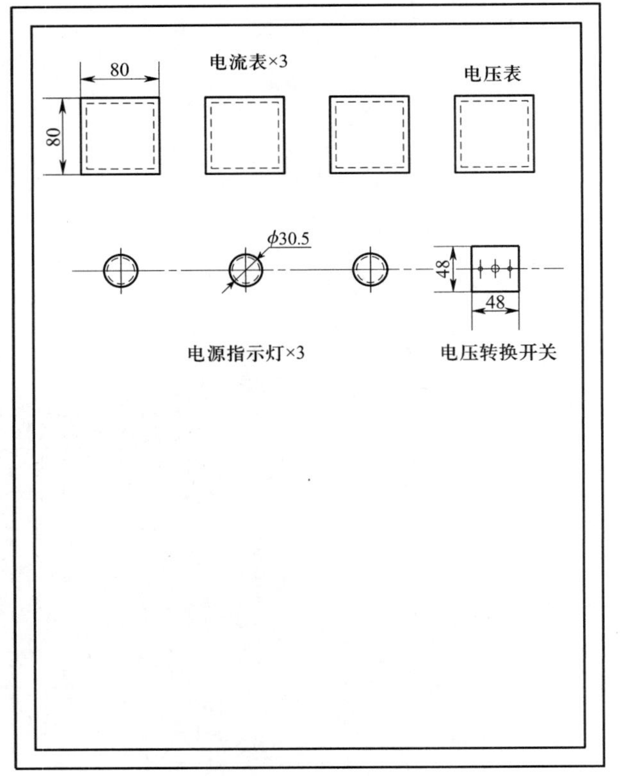

图 2-1-4　配电箱箱门元件布置图的绘制样例（单位为 mm）

1．识读本任务电气原理图，查阅相关资料，补全表 2-1-2。

表 2-1-2 元件文字符号和图形符号

元件名称	文字符号	图形符号	元件名称	文字符号	图形符号
低压刀开关	QK		带接地插孔的明装三相插座	XS	
浪涌保护器	SPD		熔断器	FU	
电流互感器（一次回路）	TA		电流互感器（二次回路）	TA	
交流电流表	PA	A	交流电压表	PV	V
电压表用四挡转换开关（国标简图）	SA		电压表用四挡转换开关（国标详图）	SA	0° 90° 180° 270° 1 2 3 4 5 6 7 8 9 10 11 12
指示灯（不分色）	HL		指示灯（红色）	HD	
指示灯（绿色）	HG		指示灯（黄色）	HY	

2．通过图 2-1-1 所示电气原理图可以发现，本任务除了存在配电回路，还存在测量与信号回路。在供配电系统中，这些回路被分为一次回路和二次回路。在电气元件与线路安装中，不同回路的安装要求是不同的。查阅相关资料，描述一次回路、二次回路及其一次设备和二次设备的含义。

答：在供配电系统中，与电能的生产、输送、分配和使用有直接关系的设备称为一次设备。由一次设备按照设计要求连接起来，表示生产、汇集和分配电能的回路称为一次回路。

在供配电系统中，对一次设备或一次回路进行监视、测量、信号控制、保护和调节的辅助设备称为二次设备。由二次设备按照设计要求连接起来的回路称为二次回路。

3．配电箱二次安装接线图和接线端子接线图的绘制样例如图 2–1–5 所示，通过观察可以发现，图中没有代表导线的连线，而是在各电气元件接线端子旁有“* — *”的编号，称为相对编号。查阅相关资料，简述如此设置的原因。

I				
设备–端子编号	线号	端子编号	线号	设备–端子编号
		1		
2D–1	B611	2	B611	2FU–2
		3		
2D–2	N	4	N	零排
		5		
CK–5	B610	6	B610	2FU–1
		7		
A1–1	A410	8	A410	LH1–1
		9		
		10		
A1–2	PE	11	PE	地排、LH1–2

设备编号表				
序号	设备编号	元件名称	元件型号	端子数量
1	A1	电流表PA1		2
2	A2	电流表PA2		2
3	A3	电流表PA3		2
4	V	电压表PV		2
5	1D	电源指示灯HY		2
6	2D	电源指示灯HG		2
7	3D	电源指示灯HD		2
8	1FU	电源指示回路熔断器FU1		2
9	2FU	电源指示回路熔断器FU2		2
10	3FU	电源指示回路熔断器FU3		2
11	I	二次回路接线端子XT3		22

图 2–1–5　配电箱二次安装接线图和接线端子接线图的绘制样例

答：由于二次回路线路繁杂，元件位置分散，为了便于二次回路的接线与排故，配电箱（柜）二次安装接线图一般在元件布置图的基础上采用相对编号来代替导线进行绘制。

4．查阅相关资料，描述相对编号的编号方法。

答：对各二次设备的接线端子进行编号，一般格式为“二次设备编号－接线端子编号”。二次设备编号一般为“符号＋数字”的形式，所用符号可以是国标电气符号，也可以是行业认可的其他字母符号，如接线端子排一般用罗马数字编号。接线端子编号一般为数字。

5．查阅相关资料，描述相对编号在配电箱二次安装接线图和接线端子接线图中的应用方法。

答：如果甲、乙两设备的某接线端子需要连接起来，在甲设备的某个接线端子上标出被连乙设备接线端子的编号，同时在乙设备该接线端子上标出被连甲设备接线端子的编号，两个接线端子的编号互相对应，即表明两个相应的端子应该连接起来。

三、勘察施工现场

施工前，在对工作任务和图纸了解清楚后，还应到任务现场进行实地勘察，核对任务要求与图纸，记录相关技术参数，为后面开展施工做好准备。仔细观察从任务布置单位了解到的本任务所带负荷的详细电气参数，如图 2–1–6 所示。

产品型号	315旗舰款重载型
额定输出功率/kW	8.5
额定输入电压/V	380×（1±15%）
电流调节范围/A	20~315
发电机模式	/
推力电流/A	/
热引弧电流/A	/
频率/Hz	50/60
持续负载率	80%
效率	0.85
功率因数	0.82

重载型电焊机

额定电压：380V
电动机功率：4kW
效率：0.9
功率因数：0.85
空载转速：3000r/min

高精密钢构型切割机

额定电压：380V
额定频率：50Hz
额定功率：1500W
同步转速：1500r/min
工作制：连续运行
效率：0.9
功率因数：0.85

台式砂轮机

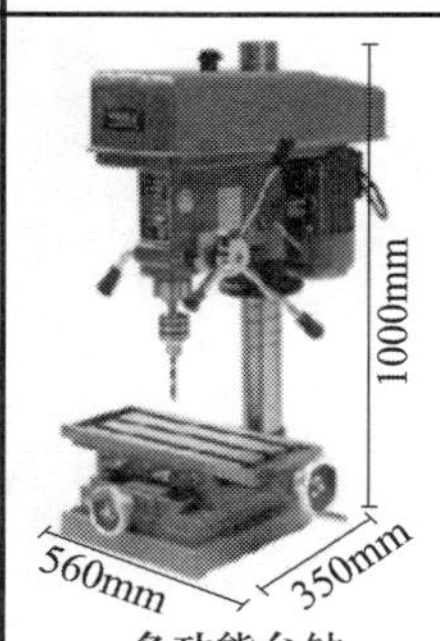

额定电压：380V
额定频率：50Hz
额定功率：1100W
效率：0.9
功率因数：0.85

多功能台钻

说明：其中，电焊机支路要求由接线端子引出，其他负荷支路要求安装三相插座。

图 2-1-6　本任务所带负荷的详细电气参数示例

1. 从用电的角度来看，电焊机是一种较为特殊的电气负荷，它只有两根电源进线，却可以根据产品设计的不同，选择使用 220 V 或 380 V 的电源电压，图 2-1-6 所示示例中的电焊机选用的是 380 V 电源电压。查阅相关资料，描述电焊机选用 380 V 电源时的接线方法。

答：电焊机选用 380 V 电源时，电源进线接三相中的任意两相。

2．根据负荷计算的相关知识，查阅相关资料，进行本任务所带负荷的负荷计算。

答:（1）电焊机负荷计算

1）电焊机为断续周期工作制设备，根据国家标准要求，电焊设备的设备容量一般要求统一换算为 ε=100% 时的功率，用 $\varepsilon_{100\%}$ 表示，所以

$$P_{e(1)}=P_N\sqrt{\varepsilon_N}=8.5\ \text{kW}\times\sqrt{0.8}=7.6\ \text{kW}$$

2）根据相关要求，单台设备 K_d 应取近似为 1，即

$$P_{30(1)【两相】}=P_{e(1)}/\eta=7.6\ \text{kW}/0.85=8.94\ \text{kW}$$

3）根据国家标准要求，两相设备接于三相线电压时，等效三相计算负荷等于设备计算负荷乘以$\sqrt{3}$，即

$$P_{30(1)}=\sqrt{3}\times P_{30(1)【两相】}=15.48\ \text{kW}$$

所以

$$I_{30(1)}=\frac{P_{30(1)}}{\sqrt{3}\times U_N\times\cos\varphi}=\frac{15.48}{1.732\times380\times0.82}\ \text{kA}=28.69\ \text{A}$$

（2）切割机负荷计算

切割机为短时工作制设备，根据国家标准要求，$P_{e(2)}=P_N=4\ \text{kW}$。根据相关要求，单台设备 K_d 取 1，即

$$P_{30(2)}=P_{e(2)}/\eta=4\ \text{kW}/0.9=4.44\ \text{kW}$$

所以

$$I_{30(2)}=\frac{P_{30(2)}}{\sqrt{3}\times U_N\times\cos\varphi}=\frac{4.44}{1.732\times380\times0.85}\ \text{kA}=7.94\ \text{A}$$

（3）砂轮机负荷计算

砂轮机为短时工作制设备，根据国家标准要求，$P_{e(3)}=P_N=1.5\ \text{kW}$。根据相关要求，单台设备 K_d 取 1，即

$$P_{30(3)}=P_{e(3)}/\eta=1.5\ \text{kW}/0.9=1.67\text{kW}$$

所以

$$I_{30(3)}=\frac{P_{30(3)}}{\sqrt{3}\times U_N\times\cos\varphi}=\frac{1.67}{1.732\times380\times0.85}\ \text{kA}=2.99\ \text{A}$$

（4）台钻负荷计算

台钻为短时工作制设备，根据国家标准要求，$P_{e(4)}=P_N=1.1\ \text{kW}$。根据相关要求，单台设备 K_d 取 1，即

$$P_{30(4)}=P_{e(4)}/\eta=1.1\ \text{kW}/0.9=1.22\ \text{kW}$$

所以

$$I_{30(4)}=\frac{P_{30(4)}}{\sqrt{3}\times U_N\times\cos\varphi}=\frac{1.22}{1.732\times380\times0.85}\ \text{kA}=2.18\ \text{A}$$

（5）干线负荷计算

根据任务特点和国家标准要求，鉴于各设备功率相差较大，本任务负荷计算采用二项式法，但因设备台数太少，按二项式法规则，P_{30} 应叠加，所以

$$P_{30}=P_{30(1)}+P_{30(2)}+P_{30(3)}+P_{30(4)}=15.48\ \text{kW}+4.44\ \text{kW}+1.67\ \text{kW}+1.22\ \text{kW}=22.81\ \text{kW}$$

$$I_{30}=I_{30(1)}+I_{30(2)}+I_{30(3)}+I_{30(4)}=28.69\ \text{A}+7.94\ \text{A}+2.99\ \text{A}+2.18\ \text{A}=41.8\ \text{A}$$

3．配电箱的进出线电缆从何位置进入箱体，将在一定程度上影响箱内电气设备的布置方式和线路施工的难度，这一般由任务需求决定。通过观察电气原理图和勘察施工现场，结合本任务的特点，你认为进出线电缆从何位置进入箱体更符合实际需求?

答：通过观察和勘察可发现：第一，本任务为室内用电，不受天气情况影响；第二，本任务为明敷箱，接受车间明敷电源，进线口在箱体上方，施工较为方便；第三，本任务大部分负荷为插座，根据使用特点，应将出线口选择在箱体下方。所以，本任务配电箱的进出线方式应采用“上进下出”。

4．《低压配电设计规范》（GB 50054—2011）及低压成套开关设备和控制设备相关国家标准中均明确规定，照明配电箱安装高度（电箱底边距地面）不应小于 1.5 m。查看施工现场情况是否满足施工条件，并通过复习“照明线路安装与检修”课程所学知识，确定任务明敷上墙所需的工具与材料。

答：本任务明敷上墙所需工具与材料主要有冲击钻、锤子、扳手、不锈钢膨胀螺栓、工作梯等。

学习活动 2 施工前的准备

学习目标

1. 能正确识别刀开关、三相插座、浪涌保护器、电流互感器、低压转换开关、低压 LED 指示灯、低压熔断器等电气元件，以及走线槽、螺旋缠绕管、号码管等电工材料，了解其选择方法与安装使用方法。

2. 能正确使用电流表、电压表等电工仪表进行测量，使用多功能线号机制作号码管。

3. 能根据勘察现场的结果和任务要求，完善施工设计，绘制相关图纸，选择电气元件、电工工具和电工材料，制订工作计划。

建议学时：24 学时

学习过程

一、认识电气元件与电工材料

1．认识刀开关、三相插座、浪涌保护器等一次回路电气元件

（1）低压配电线路中的刀开关主要有 HD 系列单投刀开关和 HS 系列双投刀开关等，如图 2-2-1 所示。查阅相关资料，描述刀开关的作用。

a)

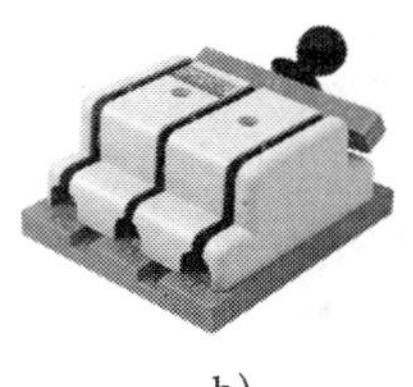

b)

c)

d)

图 2-2-1 常用的各类刀开关

a）HD13 型刀开关 b）HD11 型单投刀开关 c）HS13 型双投刀开关 d）HS11 型双投刀开关

答：刀开关又称闸刀，一般用来不频繁地手动接通和分断低压电路，是一种隔离电器，触点间具有明显可见分断点。

（2）三相插座是一种为三相电源提供便捷引入的装置，分为三相四孔插座和三相五孔插座两种，有面板型、工业导轨型和航空插头型等各种类型，图 2–2–2 所示为工业导轨型三相四孔插座。查阅相关资料，图 2–2–2 中箭头所示接入点应连接三相四线制电源的哪根线？

答：图中插座箭头所示接入点应接 N 线。

图 2–2–2　工业导轨型三相四孔插座

（3）供配电系统中会因为各种原因出现危及电气设备绝缘安全的电压，需要进行过电压保护。低压配电线路用户端中，一般利用浪涌保护器（SPD）来实现过电压保护，如图 2–2–3 所示。

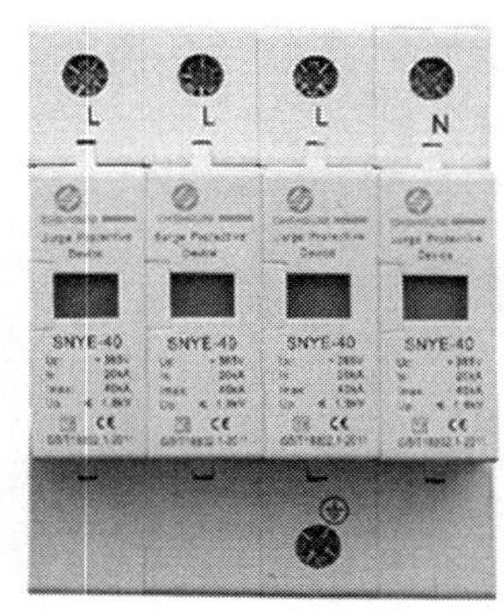

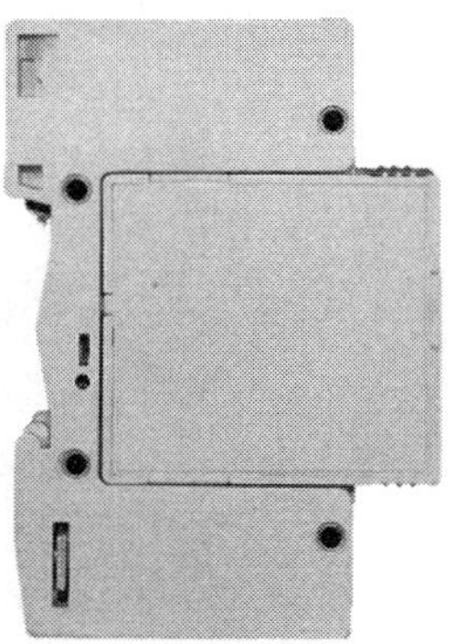

图 2–2–3　浪涌保护器

1）查阅相关资料，描述浪涌保护器的基本工作原理。

答：浪涌保护器是一个非线性电阻性元件，当瞬时过电压远大于触发电压时，其内部呈导通状态，瞬间泄放过电流，使系统电压限制在设备或系统所能承受的电压范围内，令被保护的设备或系统不受瞬时过电压冲击而损坏。

2）不同的浪涌保护器保护性能不同，低压配电线路用户端一般使用 C 级浪涌保护器，查阅相关资料，画出三相四线制线路用浪涌保护器（4P）的接线方式。

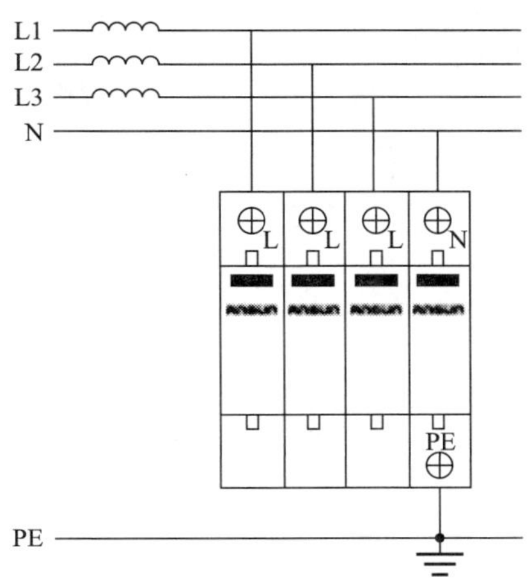

3）查阅相关资料，说明浪涌保护器前端为什么一定要加熔断器或断路器。

答：①方便维护、更换浪涌保护器。

②避免因浪涌保护器老化、击穿造成的对地短路故障。

③在过电压发生后，阻止有放电间隙单元的浪涌保护器的工频续流对浪涌保护器及其所保护线路的损坏。

4）查阅相关资料，浪涌保护器在进行过电压保护时，其前端的熔断器或断路器是否会断开电路？为什么？

答：不会。因为浪涌保护器所保护的过电压是瞬间电压、电流峰值很高的脉冲型电量，脉冲作用的时间非常短，能量（热能）不会积累，不会触动它前端的保护器件。

2. 认识电流互感器

配电线路如果连接大容量负荷，线路的电流较大，而普通的测量仪表无法承受大电流，所以大容量配电线路电流的测量一般不是直接连接仪表，而是采用电流互感器进行间接测量。电流互感器种类多样，图 2–2–4 所示为常用的瓷套贯穿式低压电流互感器。

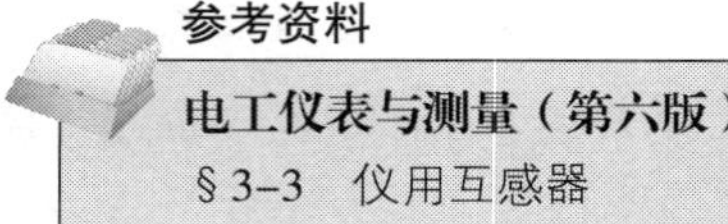

参考资料

电工仪表与测量（第六版）
§ 3–3　仪用互感器

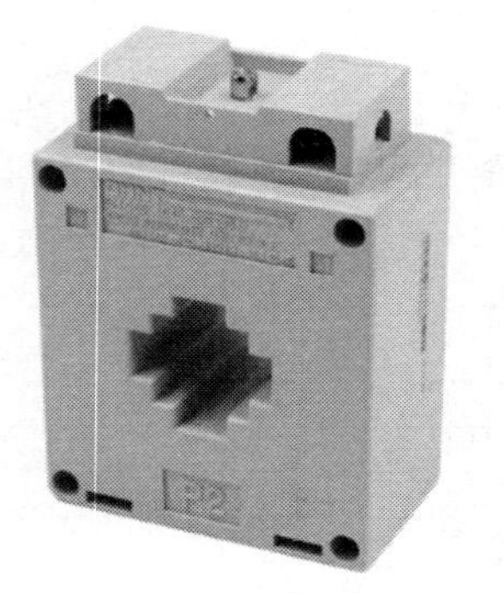

图 2–2–4　瓷套贯穿式低压电流互感器

（1）查阅相关资料，简述电流互感器的原理。

答：电流互感器是将一次侧交流电流以一定比例转换成可供测量仪表、继电保护器等装置使用的二次小电流的变流设备，其结构和原理与变压器类似，相当于一个小容量的短路运行的升压变压器。

（2）按照电力作业相关规程的规定，电流互感器二次回路接线必须可靠、牢固，严禁在二次回路中接入开关或熔断器，严禁电流互感器工作时二次侧开路，二次绕组、铁芯和外壳有一端必须接地，且只允许有一个接地点。查阅相关资料，为什么严禁电流互感器工作时二次侧开路?

答：如电流互感器工作时二次侧开路，二次线圈上会感应到极为危险的高电压。电流互感器一次被测电流磁动势在铁芯产生磁通 Φ_1，电流互感器二次测量仪表电流磁动势在铁芯产生磁通 Φ_2，电流互感器铁芯合磁通：$\Phi=\Phi_1+\Phi_2$，由于 Φ_1、Φ_2 方向相反，大小相等，互相抵消，所以 $\Phi=0$。若二次侧开路，则 $\Phi=\Phi_1$，一方面，电流互感器铁芯磁通严重磁饱和，铁芯发热，会烧毁电流互感器，另一方面，Φ 在电流互感器二次线圈中产生很高的感应电动势，会在二次侧两端形成高压，危及操作人员生命安全。

（3）电流互感器的主要参数包括额定长期运行电压、额定一次电流，额定二次电流、额定容量和准确度等级等，其中最为重要的是准确度等级。查阅相关资料，简述准确度等级的含义，并写出常用的低压配电系统测量用电流互感器的准确度等级。

答：准确度等级是指互感器在规定的使用条件下，其误差不超过国家规定的某一数值时所对应的等级，这是互感器最为重要的衡量参数之一。

一般测量用电流互感器可使用 0.5 级、0.5S 级、1 级或 3 级。

（4）由于内部结构、使用方式、适用场合和绝缘介质的不同，电流互感器的类型很多。从电压等级和适用场合的角度来看，低压配电箱中一般使用贯穿式。查阅相关资料，结合图 2–2–4，说明此类电流互感器一次绕组是如何接入电路中的。

答：此类电流互感器没有一次侧绕组。使用时，将被测导线穿过电流互感器中央缺口，即可依靠电磁感应获得被测线路的电流参数。

3．认识各类二次回路电工仪表和电气元件

（1）电工仪表是保证系统设备安全、经济、可靠运行的监测仪器，可以了解系统的运行参数，常用的有电流表和电压表等，图 2–2–5 所示为常用的配电箱（柜）用电流表和电压表。

参考资料

电工仪表与测量（第六版）

§3–1　指针式交流电流表与电压表

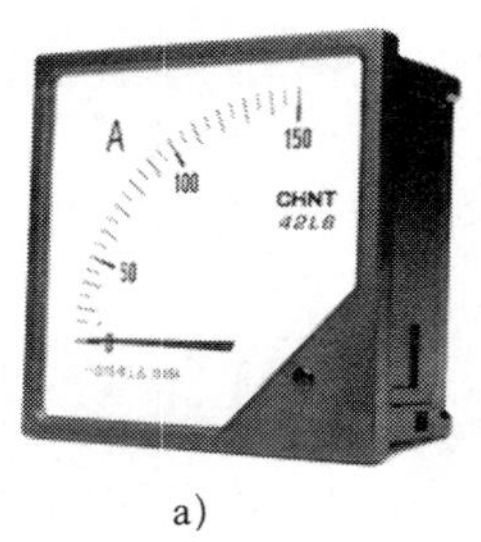

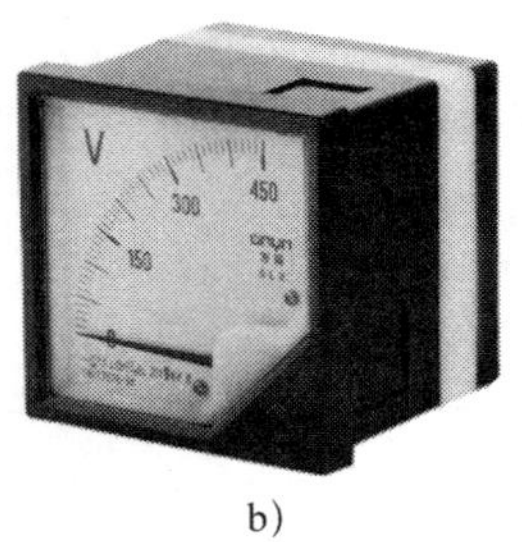

a)　　　　b)

图 2–2–5　配电箱（柜）用电流表和电压表

a）电流表　b）电压表

1）查阅相关资料，写出电流表与电压表在电路中的连接方法。

答：电流表应串联在电路中，电压表应并联在电路中。

2）一般配电箱（柜）上常用的低压交流电流表和低压交流电压表都是电磁式仪表，并且分为直接接入式和比数式两类。直接接入式电流表有从 0.5 A 至 200 A 的不同规格，比数式电流表则与电流互感器配套使用，其量程可至 600 A，直接接入式电压表有从 15 V 至 600 V 的不同规格。查阅相关资料，选择仪表时其量程是不是应与被测参数的最大值相同呢？为什么？

答：不能这样选择。因为电磁式仪表的刻度是不均匀的，为了获得最小测量误差，应使被测值在仪表刻度的 2/3 以上区间，所以仪表量程应经过换算求得。

3）若配电箱（柜）中的待测线路电流大致为 40 A，则为其选择电流表时，既能选择 50 A 的直接接入式电流表，也能配合 50/5 的电流互感器选择比数式电流表。查阅相关资料，选择合适的方案，并给予理由。

答：一般会选择 50/5 的电流互感器加比数式电流表的方案。为了观察数据方便，一般电流表会放置在箱门上，此时如果选择直接接入式电流表，将使电气线路的布设变得较为困难。

4）观察图 2-1-1 所示电气原理图可以发现，电路中用了三个电流表，但却只有一个电压表。查阅相关资料，说明这样做的原因。

答：因为电压信号一般通过低压转换开关连接电压表，这样就可以实现使用一台仪表完成三相电压的测量任务，节省了空间和元件。

（2）低压转换开关种类多样，它可以拥有多对触点，依靠手柄旋转时凸轮位置的变化同时切换多对触点的状态，以通断低压小负荷回路。在配电箱（柜）中，低压转换开关经常用于电压表测量回路，也称电压测量切换开关，如图 2-2-6 所示。

参考资料

电力拖动控制线路与技能训练（第六版）
第一单元　常用低压电器及其安装、检测与维修

图 2-2-6　配电箱（柜）用低压转换开关

1）查阅相关资料，当低压转换开关用于配合一个电压表测量三相各相间电压时，需要拥有几对触点？

答：配合一只电压表测量三相各相间电压时，一般使用拥有 6 对触点的低压转换开关。

2）查阅相关资料，画出利用一个低压转换开关和一个电压表测量三相相间电压时的电路图。

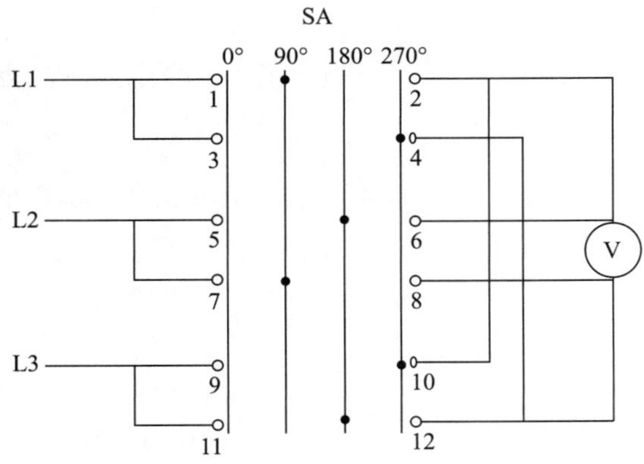

（3）在配电箱（柜）中，一般需要使用电源指示灯来快捷地显示电源的通断情况，便于日常使用、维护与检修，一般采用低压 LED 指示灯，如图 2-2-7 所示。根据任务的需求，它可以连接于电源开关进线侧，也可以连接于电源开关出线侧。

图 2-2-7　低压 LED 指示灯

1）查阅相关资料，写出常用低压 LED 指示灯的工作电压等级。

答：常用 LED 指示灯的工作电压等级有交直流 12 V、交直流 24 V、交直流 36 V、交流 220 V、交流 380 V 等。

2）低压配电柜中一般直接使用工作电压为交流 220 V 的 LED 指示灯，以显示各相线路通断情况，写出此时需要的指示灯的颜色。

答：LED 指示灯对应于三相线路，应分别为黄色、绿色和红色。

（4）低压熔断器

配电箱（柜）中的信号回路出于短路保护的需求，一般会设置低压熔断器，其外观及熔芯的外观如图 2-2-8 所示。

参考资料

电力拖动控制线路与技能训练（第六版）
第一单元　常用低压电器及其安装、检测与维修

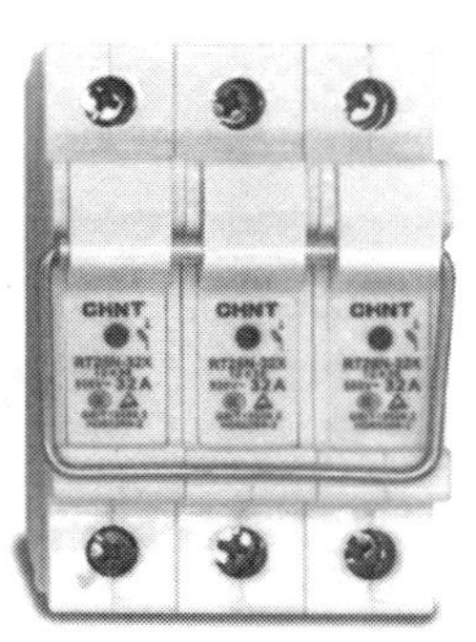

图 2-2-8　常用配电箱（柜）二次回路低压熔断器和熔芯

1）查阅相关资料，写出熔断器的作用与工作原理。

答：熔断器是一种在电路电流超过额定值一定时间后，自动熔化熔体而断开电路的保护电器，受限于使用特性，一般用于实现短路保护。

2）低压熔断器的规格和类型多种多样，一般需配合底座共同使用，可用于各种场合。查阅相关资料，写出在配电箱（柜）信号回路中常用的低压熔断器的类型。

答：在配电箱（柜）信号回路中常用的低压熔断器的类型有 RT14、RT18、RT28、RT29 等。

4．认识走线槽、螺旋缠绕管、号码管等电工材料

参考资料

电工技能训练（第六版）

第三单元课题一　室内线路配线

走线槽、螺旋缠绕管、号码管均用于低压电气线路的布设与标示，如图 2–2–9 所示，具有不可替代的作用。

a)

b)

c)

图 2–2–9　走线槽、螺旋缠绕管和号码管

a）走线槽　b）螺旋缠绕管　c）号码管

（1）查阅相关资料，描述走线槽的作用。

答：走线槽一般用于在明敷情况下为线缆布设而敷设的槽道，可以起到固定线路、保护线路、防止火灾、规范整理等作用。

（2）为便于布线，配电箱（柜）一般选用开口型塑料走线槽。查阅相关资料，写出选择走线槽时需考虑的主要参数和要求。

答：应考虑的主要参数包括走线槽的耐压等级、材料、高度和宽度，如任务需要，也可选择颜色。选择走线槽宽度与高度时，应使槽体内的导线不因过于拥挤而产生变形。

（3）查阅相关资料，写出螺旋缠绕管的作用。

答：螺旋缠绕管主要用于保护导线不受机械摩擦损害，也可用于箍扎、导向线束。

（4）号码管是指用于配线标识的套管，查阅相关资料，写出号码管的常用规格。

答：号码管的常用规格有 0.75 mm^2、1.0 mm^2、1.5 mm^2、2.5 mm^2、4.0 mm^2、6.0 mm^2 等。

5．认识标牌框

标牌框安装在配电箱（柜）门上，用于区分、识别配电箱（柜）门上安装的各电气元件在电路中的作用，如图 2–2–10 所示。

配电箱（柜）门的标牌框一般为 矩 形，按钮可使用专用的按钮圆套标牌框，如图 2–2–11 所示。

图 2–2–10　标牌框

图 2–2–11　按钮圆套标牌框

二、认识多功能线号机

二次线路接线端头应套有号码管。号码管有两个作用，一是保护裸端子压接部分的绝缘，二是标记导线线号。号码管可以手写，也可以由线号机打印制作，图 2–2–12 所示为多功能线号机。

图 2–2–12　多功能线号机

查阅相关资料，写出利用多功能线号机制作号码管的工艺要求。

答：号码管规格的选择必须与导线截面积相匹配，二次回路号码管长度一般为 25 mm。打印出的号码管要求字迹清晰、统一、美观，字体大小必须与套管的管径相匹配。

三、完善施工设计

根据《低压配电设计规范》(GB 50054—2011)、低压成套开关设备和控制设备系列标准 (GB/T 7251.1、GB/T 7251.3 ~ GB/T 7251.8、GB/T 7251.10、GB/T 7251.12)、低压开关设备和控制设备系列标准 (GB/T 14048.1 ~ GB/T 14048.22)、《电气装置安装工程　低压电器施工及验收规范》(GB 50254—2014) 与相关世赛技术说明和评分标准，在移动式施工用开关箱的基础上，挂壁式配电箱的元件布置、供电系统接线方式和布线方案在施工设计方面还有很多其他要求。查阅相关资料，回答以下问题。

1. 一次回路

参考资料

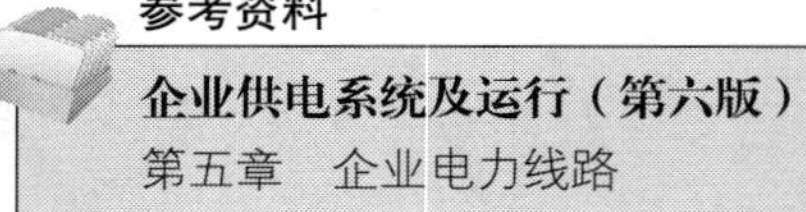

企业供电系统及运行（第六版）
第五章　企业电力线路

(1) 在本任务的挂壁式配电箱里，电源进线将引出多路出线，会涉及供电系统接线方式的问题，即电源断路器与负荷断路器之间的接线方式。在低压配电系统中，接线方式多种多样，一般可以选择放射式接线、干线放射式 – 支线树干式接线、干线放射式 – 支线链式接线、树干式接线、干线树干式 – 支线链式接线、链式接线等。采用链式接线时，每链所接设备不得超过 5 台。根据本任务的情况，选择合适的接线方式。

答：本问题无固定答案。本任务的电气元件较少，选用放射式接线、干线放射式 – 支线链式接线或链式接线均可，可由学生自主决定，但应与所绘制的安装接线图对应。

（2）为了布线整齐、美观，终端配电装置的一次回路布线应尽量采用线槽敷线或捆扎敷线的方式，在元件数量较少的情况下，也可采用架空明敷的方式。根据本任务的情况，选择合适的一次回路敷设方式并说明理由。

答：本问题无固定答案。建议采用捆扎敷线的方式，也可由学生自主决定，但应与所绘制的安装接线图一致。

（3）本任务一次回路需要设置电源进线端子和电焊机支路出线端子，均为低压大电流接线端子，依据负荷计算情况选择相应型号的接线端子。

答：电源进线电流为 41.79 A，电源进线端子可选用 60 A、5 位 TC–605 大电流接线端子。

电焊机支路出线电流为 28.69 A，由于市场上没有 3 位 30 A、40 A 的大电流接线端子，加之空间足够，故出线端子可选用 60 A、3 位 TC–603 大电流接线端子。

（4）依照负荷计算结果和低压动力线路导线截面积选择的方法，以环境温度 40 ℃为参照，选择本任务中电源干线与电焊机支路所需相线、中性线与 PE 线。

答：本任务电源干线计算电流为 41.79 A。查阅相关技术标准可得，以环境温度 40 ℃为参照时，BV 绝缘导线明敷 6 mm^2 的允许载流量为 45 A，BV 绝缘导线明敷 4 mm^2 的允许载流量为 35 A。所以，本任务电源干线的相线、中性线与 PE 线均选用 6 mm^2 的 BV 绝缘导线。

本任务电焊机支路三相计算电流为 28.69 A。查阅相关技术标准可得，以环境温度 40 ℃为参照时，BV 绝缘导线明敷 2.5 mm^2 的允许载流量为 27 A，BV 绝缘导线明敷 4 mm^2 的允许载流量为 35 A。所以，本任务电焊机支路的相线选用 4 mm^2 的 BV 绝缘导线，不需要使用中性线与 PE 线。

技术标准中的相关数据可扫描下方二维码查看。

（5）当配电箱需要外部接线时，其电气元件接线点距离箱体结构底部不得小于多少毫米？

答：不得小于 200 mm。

2．二次回路

（1）安装二次回路元件时，带电体间或带电体与金属骨架上的电气间隙不应小于__4__mm，爬电距离不应小于__6__mm（不包括元件本身内部的距离）。

（2）二次回路的接线端子应安装于箱门侧的安装板上，采用 45° 角导轨斜面支架，如图 2-2-13 所示，使接线端子与安装板之间的夹角为__45°__，以方便接线，信号回路用低压熔断器一般与二次回路接线端子同轨敷设。二次回路的接线端子与箱（柜）体下底板之间的直线距离不小于__30__mm。

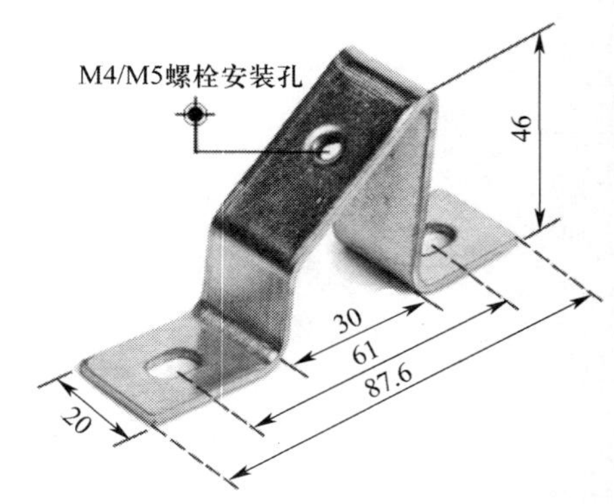

图 2-2-13　45° 角导轨斜面支架

（3）在箱门上安装二次回路测量仪表时，仪表侧面之间或侧面与箱门侧边之间不应小于__60__mm，仪表顶面或出线孔与箱门顶边之间不应小于__50__mm。

（4）为了检修方便，原则上，二次回路导线也应根据电压等级和回路功能使用不同颜色的导线。但当箱（柜）内二次回路导线较少时，可统一采用__黑__色导线连接（不论电压等级），各类备用导线应采用__黄__色导线连接。

（5）安装二次回路元件时，二次回路的最小线径为__1.0__mm，电源指示灯回路的导线线径为__1.5__mm，电压互感器二次回路的最小线径为__2.5__mm，电流互感器二次测量回路的最小线径为__2.5__mm，普通面板元件回路和面板备用线的最小线径为__1.0__mm，箱门跨接线的最小线径为__1.0__mm。

（6）在低压配电箱（柜）中，二次回路导线与一次回路带电体间的电气绝缘距离不小于__12__mm。

（7）为了整齐美观，当二次回路布线距离大于 200 mm 或在箱（柜）门面板上布设二次回路时，必须采用线槽敷线或缠绕管捆扎敷线。箱门跨接线束等活动部位必须采用缠绕管捆扎敷线。

1）根据本任务的情况，为安装板内的二次回路、箱门跨接线束和箱门内的二次回路选择合适的敷设方式。

答：本问题无固定答案。

安装板内的二次回路建议采用缠绕管捆扎敷线的方式。

箱门跨接线束必须采用缠绕管捆扎敷线方式。

箱门上的二次回路建议采用线槽敷线方式。

具体敷设方式由学生自主决定，但应与所绘制的安装接线图一致。

2）在进行线槽敷线时，每节走线槽的固定点不应少于__2__个，线槽长度在400 mm以上时固定点不应少于__3__个，在转角、分支处和端部均应有固定点，并紧贴安装板面固定。

3）绝缘导线利用线槽敷线或缠绕管敷线的最小导线线径为__1.0__mm。

4）接线端子的短接线是否进入线槽?

答：不进入线槽，以方便检查并节省空间。

5）如果一次回路的线路布设也采用线槽或缠绕管敷线，二次回路的导线是否能与一次回路或其他电压等级回路的导线同槽、同管敷设?

答：应尽量不与一次回路或其他电压等级回路的导线同槽、同管敷设，并采取必要的防干扰措施。

四、制订工作计划

根据施工任务的资料信息，结合已知参数与现场勘察的实际情况，讨论并制订本小组的工作计划，合理选择任务所需的电气元件、电工工具和电工材料，分别绘制本任务的各类施工图纸，并补填学习活动1中工作任务联系单的相关内容。

1．此类任务的基本施工步骤参考

此类任务的基本施工步骤包括：

（1）选择电气元件、材料与工具，并领取、查验、按需加工。

（2）定位，安装明敷挂壁式配电箱箱体。

（3）在安装板上敷设导轨，安装各电气元件。

（4）在配电箱箱门上安装各电气元件和线槽。

（5）对安装板内线路进行布设，并将安装板固定到配电箱内。

（6）对箱门跨接线束、箱门内线路和各接地线进行布设。

（7）粘贴标签和标牌框，并清理箱内。

（8）通电前进行安全测试。

（9）通电调试。

（10）连接进出线缆，清理现场。

2．细节讨论

明确基本施工步骤后，根据本任务的具体情况，进行小组讨论并确定以下几方面的内容：

（1）人员的基本分工。

（2）本任务中低压配电系统所采用的接线方式和敷线形式。

（3）本任务所涉及的电气元件、电工工具和电工材料。

（4）本任务的各类施工图纸。

（5）每个环节需要用到的工具和材料。

（6）各个环节的用时。

（7）有交叉作业情况时的人员、材料安排。

（8）作业现场安全防护措施。

3．本任务各类施工图纸的绘制

查阅相关资料，结合为本任务选择的电气元件和电工材料，分别绘制或完善本任务的箱内元件布置图、箱门元件布置图、一次回路安装接线图和二次回路安装接线图。

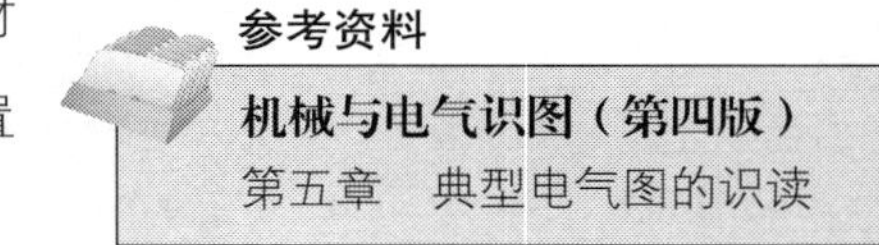

扫描以下二维码，查看箱内元件布置图、箱门元件布置图、一次回路安装接线图和二次回路安装接线图参考示例。

箱内元件布置图

箱门元件布置图

一次回路安装接线图

二次回路安装接线图

4．工作计划制订

将以上内容的讨论结果进行归纳整理，制订本小组的工作计划。

（1）根据小组讨论确定的施工负责人和小组成员分工，填写表 2-2-1。

表 2-2-1　小组成员分工

姓名	分工

（2）根据小组讨论确定的主要电气元件、电工工具和电工材料，填写表 2-2-2。

表 2-2-2　施工所需主要电气元件、电工工具和电工材料清单

序号	元件、工具或材料名称	型号	单位	数量	备注
1	挂壁式配电箱	800 mm × 600 mm × 250 mm，箱底带点焊螺柱，附可拆卸安装板，带单开箱门，带 MS304-A 按钮式箱门门锁，箱门带点焊螺柱	台	1	
2	试验电动机	Y80M2-4，380 V，50 Hz，750 W，1.57 A，1 390 r/min	台	1	
3	导轨	C45，1 mm 厚	米	1	
4	紧固件	C45 导轨通用型	个	若干	
5	低压刀开关	HD11-100/3	个	1	
6	塑壳断路器（进线断路器）	DZ20Y-100/3300，In50 A	只	1	
7	微型断路器（电焊机支路）	DZ47-32/3-C32	只	1	
8	微型断路器（浪涌保护器支路）	DZ47-32/3-C16	只	1	
9	微型漏电断路器（其他支路）	DZ47LE-32/4-C10	只	1	
10	三相明装插座	16 A 三相五孔插座（C45 导轨型）	只	3	
11	浪涌保护器	安迅 AM20A420	只	1	
12	大电流接线端子（电源进线用）	TC-605，60 A，5 位	只	1	
13	大电流接线端子（电焊机出线用）	TC-603，60 A，3 位	只	1	
14	地排	2 mm × 15 mm，5 孔	只	1	
15	零排	2 mm × 15 mm，5 孔，带低压绝缘子	只	1	
16	过孔保护圈（进线用）	ϕ25，开孔 30 mm	只	1	
17	电流互感器（测量用）	BH-0.66，50/5，ϕ30，3 级	只	3	
18	电源指示回路熔断器	RT28N-32/3P/2A	只	1	
19	二次回路接线端子	UK2.5B	只	15	
20	导轨斜面支架	45°	只	2	
21	三相分色电源指示灯	ND16，交流 220 V，黄色	只	1	

续表

序号	元件、工具或材料名称	型号	单位	数量	备注
22	三相分色电源指示灯	ND16，交流 220 V，绿色	只	1	
23	三相分色电源指示灯	ND16，交流 220 V，红色	只	1	
24	交流电流表	6L2–A 50/5 A	台	3	
25	交流电压表	6L2–V 0 ~ 450 V	台	1	
26	电压转换开关	LW12–16YH3/3	个	1	
27	绝缘导线（电源进线）	BV–500–1 × 6 mm^2，黄色	米	1	
28	绝缘导线（电源进线）	BV–500–1 × 6 mm^2，绿色	米	1	
29	绝缘导线（电源进线）	BV–500–1 × 6 mm^2，红色	米	1	
30	N 线（电源进线）	BV–500–1 × 6 mm^2，淡蓝色	米	1	
31	PE 线（电源进线）	BV–500–1 × 6 mm^2，黄绿相间	米	1	
32	绝缘导线（电焊机支路）	BV–500–1 × 4 mm^2，黄色	米	0.5	
33	绝缘导线（电焊机支路）	BV–500–1 × 4 mm^2，绿色	米	0.5	
34	绝缘导线（电焊机支路）	BV–500–1 × 4 mm^2，红色	米	0.5	
35	绝缘导线（其他支路）	BV–500–1 × 1.5 mm^2，黄色	米	1.5	
36	绝缘导线（其他支路）	BV–500–1 × 1.5 mm^2，绿色	米	1.5	
37	绝缘导线（其他支路）	BV–500–1 × 1.5 mm^2，红色	米	1.5	
38	N 线（其他支路、二次回路）	BV–500–1 × 1.5 mm^2，淡蓝色	米	3	
39	PE 线（其他支路、二次回路）	BV–500–1 × 2.5 mm^2，黄绿相间	米	3	
40	绝缘导线（二次指示回路）	BV–500–1 × 1.5 mm^2，黑色	米	3	
41	绝缘导线（二次测量回路）	BV–500–1 × 2.5 mm^2，黑色	米	7	
42	编织软铜接地线	6 mm^2，200 mm 长	条	1	
43	冷压端子（一次回路）	DT–6	只	若干	
44	冷压端子（一次回路）	RV2	只	若干	
45	冷压端子（一次回路）	RV3.5	只	若干	
46	冷压端子（二次指示回路）	SV1.25	只	若干	
47	冷压端子（二次测量回路）	SV2	只	若干	
48	号码管	PVC 内齿梅花管（1.5 mm^2、2.5 mm^2）	个	若干	
49	扎带	3 × 150 mm	条	若干	
50	扎带	4 × 150 mm	条	若干	
51	自粘式扎带固定座	12.5 mm × 12.5 mm	只	若干	
52	自粘式扎带固定座	25 mm × 25 mm	只	若干	
53	缠绕管	ϕ8mm，黑色	米	2	
54	走线槽	PVC，U 型，带盖，20 × 20	米	1	
55	设备标签	/	/	若干	
56	地、零标签	/	/	若干	
57	标牌框（粘贴式）	/	个	8	

续表

序号	元件、工具或材料名称	型号	单位	数量	备注
58	警示胶带	黄 / 黑	卷	若干	
59	安全隔离网	/	副	若干	
60	各类螺栓与螺母	/	副	若干	
61	电工常用工具	/	套	1	
62	压接钳	HS–16，1.25 ~ 16 mm^2	把	1	
63	金属切割机	355 型	台	1	
64	手电钻	博世 GSB180–LI	台	1	
65	丝锥绞手	M1 ~ M8	只	1	
66	手用丝锥	M4、M6、M8	套	1	
67	万用表	MF47	台	1	
68	兆欧表	ZC–7/500 V	台	1	
69	钳形电流表	UT201	台	1	

（3）根据小组讨论确定各个环节的用时，制定具体施工工序及完成的时间点，填写表 2–2–3。

表 2–2–3　　工序及工期安排

序号	工作内容	完成时间	备注
1	元件、工具与材料准备、查验，并按需加工		
2	定位、安装明敷配电箱箱体		
3	敷设安装板内的电气元件		
4	安装箱门电气元件和走线槽		
5	布设安装板内线路，并固定安装板		
6	布设箱门跨接线束、箱门内线路和各接地线		
7	粘贴标签，粘贴标牌框，并清理箱内		
8	通电前的安全测试		
9	通电调试		
10	连接进出线缆		
11	清理现场		

（4）根据小组讨论确定的结果，制定作业现场安全防护措施。

关于作业现场安全防护措施的制定，应注意提示学生注意以下几个方面：

1）应在整个工作区域外围设置安全隔离网，禁止非本组施工人员随意出入。

2）电气元件、电工材料、电工工具、劳保用品、电工仪表、卫生工具等所涉物品的堆放区、材料加工区和现场施工区应合理划分区域，并在地面上用警示胶带明示区域范围。

3）进入工作区域，必须穿着长袖长裤工作服，佩戴安全帽、劳保手套和防砸防刺劳保鞋。进行电工材料加工时，应按不同的施工工具操作要求，穿戴不同的劳保用品。

学习活动3　现 场 施 工

学习目标

1. 能按规程应用必要的安全隔离措施和安全标志，准备现场工作环境。

2. 能根据任务需要完成元件和材料的检查、加工及安装等工作。

3. 能按照图纸要求、配电箱电气安装规范工艺要求、世界技能大赛电气安装技术标准和场地情况，运用线路明敷、捆扎、线槽布线等工艺，完成施工任务。

4. 施工后，在通电之前，能正确使用仪表检查电气装置，包括绝缘电阻检查、接地连续性检查、极性检查和目测检查，并排除相应故障。

5. 能按相关技术指标要求，通电检查所安装设备的所有功能，以确保装置的正确运行。

6. 能在作业过程中严格执行企业操作规范、安全生产制度、环保管理制度以及6S管理规定，严格遵守从业人员的职业道德，具有吃苦耐劳、爱岗敬业的工作态度，精益求精的质量管控意识和职业精神。

7. 作业完毕，能按车间现场6S管理和产品工艺流程的要求，清点、整理工具，收集剩余材料，清理工程垃圾，拆除防护措施，整理现场。

建议学时：26学时

学习过程

一、现场施工准备

回顾前面任务的施工过程，在施工开始前，应做哪些准备工作和安全防范措施?

答：1. 应按照工作计划的安排，设置必要的安全隔离措施和安全标识，清理影响施工的杂物，准备现场工作环境。

2. 施工人员应做好自身防护，准备好安全帽、工作服、棉纱手套、皮手套、护目镜、口罩等安全防护用品。

二、电气元件安装

1．材料检查与加工

材料检查与加工的方式与上一任务基本一致，结合本任务情况与图纸，本任务需要打孔的元件与材料有哪些?

答：本任务中需要打孔的是安装板和走线槽。

2．定位与箱体安装

（1）挂壁式配电箱可采用膨胀螺栓固定在墙上，螺栓长度一般为埋入深度（75 ~ 150 mm）、箱底板厚度、螺母和垫圈的厚度之和，再加上__5__mm 左右的“出头余量”。另外，按照世赛技术文件规定，墙面不能出现多余的孔。

（2）安装配电箱应横平竖直，垂直偏差不应大于__3__mm。

3．板内与箱门元件安装

（1）电气元件在安装板上的安装方法与上一任务基本一致，不同的是本任务增加了二次回路元件的安装。为了使用方便，电流表、电压表、低压转换开关、电源指示灯等二次电气元件均需安装在箱门上。查阅相关资料，描述箱门电气元件共同的基本安装方式。

答：为了方便元件在箱门上的安装，应预先在箱门上镗好安装孔，孔的形状和大小应与元件本身对应，再利用元件自身的安装附件进行安装。

（2）查阅相关资料，如在箱门内侧采用线槽敷线或缠绕管捆扎敷线时，如何固定线槽或缠绕管线束?

答：为了保证箱门面板的整洁美观，无论是固定走线槽还是固定缠绕管，均不可在箱门上打穿孔。在导线数量较少的情况下，固定缠绕管可利用扎带和自粘式扎带固定座，固定走线槽可使用 3M 胶或玻璃胶；在导线数量较多的情况下，需先在箱门内侧利用螺柱焊机焊接固定用螺栓，固定缠绕管时可加装支架，固定走线槽时直接利用固定用螺栓和螺母固定。

三、电气线路布设与接线

与前面的任务相比，本任务将增加大量二次回路线路的布设与安装，并运用了捆扎、线槽、缠绕管等敷线工艺要求。

1．查阅相关资料，简述线槽敷线的工艺要求。

答：（1）线槽应平整、无扭曲变形，内壁应光滑、无毛刺，线槽的连接应连续无间断。线槽接口应平直、严密，槽盖应齐全、平整、无翘角，线槽敷设时水平或垂直允许偏差为其长度的 0.2%，全长上最大允许偏差为 ±2 mm。

（2）导线在槽体内应舒展布放，不得拉扯，不得使导线受到额外的拉力和压力。允许导线有一定的弯度，有 3 ~ 5 cm 的活动余量，但不允许导线挤成一团，也不允许有迂回和绕圈，不能过分交叉。

（3）槽内导线包括绝缘层在内的总截面积不应大于走线槽截面积的 60%，不得影响走线槽盖板。

（4）导线在通过槽体断面转弯时，不能与槽体发生摩擦，以免破坏导线绝缘。

（5）导线从槽体引出时，应从就近的槽口出线，同时引出两根以上导线时，应利用缠绕管保护。

2．查阅相关资料，简述缠绕管敷线的工艺要求。

答：（1）缠绕管敷线时，同一线束使用的缠绕管规格要统一。

（2）缠绕管线束走向应横平竖直、整齐美观，多条线束并行时应相互平行，不得有明显的扭曲、交叉和跨越。

（3）缠绕管线束中导线的引出位置应与导线的连接点保持最短距离，不应远距离引出。

（4）缠绕管线束弯曲处应有圆弧过渡，线束的弯曲半径不得小于线束外径的两倍，以免在转弯处造成较大的应力集中。

（5）捆扎缠绕管线束时用力不得过大，不能导致导线绝缘层损伤。

（6）线束超过一定距离时，应用吸盘与骨架固定。

（7）为方便导线损坏时替用，缠绕管线束中应设置少量备用导线。

3．号码管套放样例如图 2-3-1 所示，查阅相关资料，简述为导线套放号码管的工艺要求。

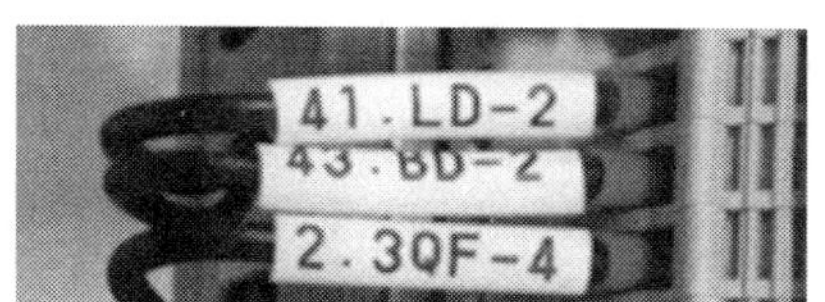

图 2-3-1　号码管套放样例

答：每一条导线两端的线号是唯一并一致的，严禁一条导线套有不同的线号。号码管在套放时应整齐，线号方向一致。线号在竖直方向查看时，应呈从下向上的阅读流向；线号在水平方向查看时，应呈从左向右的阅读流向。当导线截面积较大而无法使用号码管时，可用尼龙扎带将号码管固定在导线上，阅读流向同上。

4．配电箱箱门跨接线束可使用专用缠绕管，如图 2–3–2 所示。查阅相关资料，简述用缠绕管敷设配电箱箱门跨接线束时的工艺要求。

图 2–3–2　箱门跨接线束专用缠绕管

答：用缠绕管敷设配电箱箱门跨接线束时应留有足够的长度，以导线两端固定后箱门打开 90° 时线束不过分拉紧为限。施工时，应按图纸放线，两端置入号码管并打结，先接入一端（一般先接入板内端子侧），再包扎缠绕管去另一侧，线束超过一定距离时应先固定中间，最后再接入另一端。

5．导线接入箱门电气元件节点时应美观、规范，如图 2–3–3 所示。查阅相关资料，简述导线接入箱门电气元件节点时的工艺要求。

答：导线接入箱门电气元件节点时应尽量不产生折角，以导线绕圆的形式接入，同一箱（柜）的圆角应力求一致。

图 2–3–3　导线接入箱门电气元件节点的工程案例

四、固定安装板，粘贴标签与标牌框并清理箱内

1．各步骤处理方法与学习任务一大致相同，查阅相关资料，写出矩形标牌框的安装方法。

答：矩形标牌框有两种，一种反面有双面胶，另一种反面为塑料安装脚。安装时，先打开前盖，放入打印好的标签，盖上前盖。反面有双面胶的标牌框直接粘在箱（柜）门上即可。反面为塑料安装脚的，需先在箱（柜）门上打孔，插入塑料安装脚，然后热熔已插入箱（柜）门的塑料安装脚即可。

2．电流互感器的二次绕组接地处应设有耐久的＿接地标记＿。

五、回顾、思考，总结问题

在整个安装过程中遇到过什么问题？是如何解决的？在表 2–3–1 中记录下来。

表 2–3–1　　安装过程中遇到的问题和解决方法

所遇问题	解决方法

六、安全测试与通电调试

1．施工完毕，先参照学习任务一进行直观检查，然后进行安全测试。闭合开关，装入信号回路熔断器，利用万用表实际测量每相导线进出点、N 线进出点的通断情况和二次回路引出点与元件接入点间的通断情况，将测量结果填入表 2–3–2 中。

表 2–3–2　　线路导通情况记录表

测量位置	线路状态（正常 / 不正常）	解决措施

2．在世界技能大赛“电气装置”项目中，接地连续电阻是一个重要的评价指标，按照技术文件，主接地端和装置上所需接地的任意一点之间的接地连续电阻不能超过 0.5 Ω。实际测量地排与 SPD 接地端、电流互感器二次接地端、箱体、箱门间的接地连续电阻情况，将测量结果填入表 2–3–3 中。

表 2-3-3　　箱内接地情况记录表

测量位置	实际测量值 /Ω	理论值 /Ω	状态（正常 / 不正常）	解决措施
		≤ 0.5		
		≤ 0.5		
		≤ 0.5		
		≤ 0.5		
		≤ 0.5		
		≤ 0.5		

3．检查设备的相间和相对地的绝缘电阻是否合格，包括：在开关断开时，同极的每个开关的进线端与出线端之间；在开关闭合时，不同极的带电部件之间和一、二次回路之间；在开关闭合时，一、二次回路相线与零线、地线、金属外壳之间。世赛相关技术文件要求："任意带电导体与任意接地导体之间的最小电阻不能小于 1 MΩ，使用绝缘电阻测试仪，用 500 V 直流电压进行测试。"利用兆欧表进行实际测量，并将测量结果填入表 2-3-4 中。

表 2-3-4　　绝缘电阻情况记录表

测量位置	所涉及开关文字符号	开关状态（闭合/断开）	实际测量值/MΩ	理论值/MΩ	线路状态（正常/不正常）	解决措施
				≥ 1		
				≥ 1		
				≥ 1		
				≥ 1		
				≥ 1		
				≥ 1		
				≥ 1		
				≥ 1		
				≥ 1		
				≥ 1		
				≥ 1		
				≥ 1		
				≥ 1		
				≥ 1		
				≥ 1		
				≥ 1		
				≥ 1		
				≥ 1		
				≥ 1		

4．断电测试无误后，经教师同意，可进行通电调试。按要求进行通电调试，并将结果填入表 2–3–5 中。注意初次通电检查时不要同时闭合两个及两个以上回路。

表 2–3–5　　　　通电调试情况记录表

测试项目	测试结果（正常 / 不正常）	故障现象	故障原因	检修过程
按顺序闭合断路器，查看断路器在带电状态下分合动作是否运动灵活				
按顺序闭合断路器，查看电源指示及相序是否正确				
按顺序闭合断路器，查看电压是否正确，查看各相电压测量是否正常				
按顺序闭合断路器并连接试验电动机时，查看电路功能是否正常，查看各相电流测量是否正常，并与试验电动机额定数据进行比对				
对各开关连续合闸与分闸 5 次，查看开关的响应是否正常				
在开关合闸状态下，检验漏电试验时开关是否能顺利跳闸				

七、连接进出线缆，清理现场并交验

1．查阅相关资料，描述配电箱（柜）进出线线缆的工艺要求。

答:（1）柜外缆线应排列整齐、编号清晰，按竖直或水平方向有规律地配置，避免交叉。连接线缆的固定位置要避免线缆受到运动机械零件的摩擦，或应使用匹配的电缆套管进行保护。

（2）电缆与接线端子相连接时，应固定牢固，但不能使所接的接线端子受力。连接应松紧适度，过松会使导线拽脱，过紧会夹断导线。

2．施工完毕，应进行现场清理，并按照工作任务联系单要求交付验收负责人验收，填写表 2–3–6 所示项目验收评价表，并补全学习活动 1 中工作任务联系单的相应内容。

表 2–3–6　项目验收评价表

项目	验收评价意见		
	合格	不合格	存在的问题
电气元件的选择			
电工材料的选择与加工			
电工工具和防护措施的选择			
布局、尺寸与原理的按图施工情况			
电气元件安装工艺情况			
电气线路布设工艺情况			
标签和标牌框的粘贴工艺情况			
安全测试的情况			
通电调试的情况			

3．验收负责人还提出了哪些意见或建议？你是如何回答的？

学习活动 4　工作总结与评价

学习目标

1. 施工项目验收后，能以小组形式，积极主动地展示和汇报工作成果。

2. 能完成对学习过程的综合评价。

建议学时：4 学时

学习过程

一、工作总结

以小组为单位，选择演示文稿、展板、海报、录像等形式中的一种或几种，向全班展示、汇报学习成果。

二、综合评价

以小组为单位，展示本组成果。根据表 2–4–1 中评分标准进行评分。

表 2–4–1　　评分标准

序号	项目	配分	技术要求与评分标准	现场记录与评分			
				现场记录	自我评价	小组评价	教师评价
1	健康与安全（7 分）	2	施工过程中正确设置相应的安全标志，正确穿戴工作服等安全防护用品，无违反健康与安全要求的行为。每违反一项，扣 0.5 分				
		1	施工过程中及施工结束后始终保持场地整洁。每出现一处不符合要求，扣 0.5 分				
		2	插座、浪涌保护器、二次回路、箱体、柜门等设备正确接地，通过地排进出。每出现一项错误，扣 0.5 分				
		2	需要接入中性线的电气元件正确接零，通过零排进出。每出现一项错误，扣 0.5 分				

续表

序号	项目	配分	技术要求与评分标准	现场记录与评分			
				现场记录	自我评价	小组评价	教师评价
2	安全测试（7分）	3	正确测试各接地连续电阻且方法正确。每出现一项错误，扣1分				
		3	正确测试各绝缘电阻且方法正确。每出现一项错误，扣1分				
		1	正确填写安全测试报告。每出现一项错误，扣0.5分				
3	通电调试（23分）	3	通电调试操作方法正确。错误，不得分				
		20	通电调试成功且功能正确，无须再次通电，得满分 第二次通电调试成功且功能正确，得11分 第二次通电调试未成功或功能不正确，不得分				
4	电路设计（13分）	1	电气元件布局正确、有序。有安全隐患，不得分				
		2	断路器容量与型号选用正确。每出现一项错误，扣1分				
		2	一次回路除断路器外的电气元件的容量与型号选用正确。每出现一项错误，扣0.5分				
		2	二次回路的电气元件的容量与型号选用正确。每出现一项错误，扣0.5分				
		2	一次回路导线颜色和规格选用正确。每出现一项错误，扣0.5分				
		2	二次回路导线颜色和规格选用正确。每出现一项错误，扣0.5分				
		2	零线和地线导线颜色和规格选用正确。每出现一项错误，不得分				
5	尺寸测量（6分）	0.5	按图施工，安装板的安装孔尺寸测量正确。只要有一处误差超过5 mm，不得分				
		1.5	按图施工，电气元件导轨安装孔尺寸测量正确。每处误差超过5 mm，扣0.5分				
		4	按图施工，电气元件的安装尺寸测量正确。每处误差超过5 mm，扣1分				
6	元件与设备的安装（20分）	16	所有电气元件与电气材料固定牢固，无晃动或移动，线槽盖板安装完好。每出现一处不符合要求，扣4分				
		2	安装板固定牢固无晃动。不符合要求，不得分				
		2	元件标签、标牌框与安全标志正确齐全。每出现一处不符合要求，扣0.5分				

续表

序号	项目	配分	技术要求与评分标准	现场记录与评分			
				现场记录	自我评价	小组评价	教师评价
7	布线与终端（21分）	2	整体布线布局合理，整齐、美观，走线成束，线束弯曲半径均匀，满足明敷、捆扎和线槽敷设工艺要求。每出现一处不符合要求，扣1分				
		10	所有导线正确终止，无松动与露铜，导线外表无伤痕。每出现一处不符合要求，扣2分				
		2	绑扎带绑扎正确，使用合理，切断后不割手且留余，并小于1 mm。每出现一处不符合要求，扣0.5分				
		2	线槽内导线余量适中，无打结、缠绕、接头现象。每出现一处不符合要求，扣0.5分				
		1	缠绕管敷线应满足工艺要求，不得过分扭曲，线束弯曲半径不得小于线束外径的两倍。每出现一处不符合要求，扣0.5分				
		2	所有终端号码管齐全。每出现一处不符合要求，扣0.2分				
		1	导线不能交叉进入元件，导线弯曲半径均匀。每出现一处不符合要求，扣0.5分				
		1	进出电缆的连接和敷设符合工艺要求。每出现一处不符合要求，扣0.5分				
8	电气材料加工工艺（3分）	1	电气材料的钻孔、攻螺纹符合工艺要求。每出现一处不符合要求，扣0.5分				
		1	导轨的落料符合工艺要求，无毛刺。每出现一处不符合要求，扣0.5分				
		1	线槽的加工符合工艺要求，连接整齐、拼接无缝隙、光滑无毛刺。每出现一处不符合要求，扣0.5分				
总配分		100	总得分	/			

世赛知识

世界技能大赛参赛选手训练方法

世界技能大赛参赛选手的训练主要包括以下四个方面。

第一，要及时收集大赛信息，全面理解竞赛规则。

为了保证竞赛的顺利进行，世界技能大赛大赛组委会在其官方网站上公布大赛相关文件，主要有《世界技能大赛规则》《技术说明》《安全与职业健康规定》《技能管理计划》《基础设施清单》等。及时下载并翻译公布的文件资料，准确理解大赛的组织程序、竞赛内容和技术要求，才能科学制定训练方案，把握好训练重点和难点。同时要及时关注官方论坛，遇到技术问题时及时在论坛中提出，不遗漏有益于训练的信息，及时深入了解和把握世界技能大赛规则和技术标准。

第二，要科学制定训练方案，提高综合素质。

在制定训练方案前，应根据技术说明和技能标准要求，将技能点进行分解归类，同时要考虑相关联的技能点，形成完成项目所需的操作技能点，制定具体的技能标准，再对操作工艺进行优化完善，最终形成适合参赛者个人能力的工艺方法。

第三，要注重细节，强化质量与安全意识。

世界技能大赛主要注重选手的安全和质量意识，训练过程中除了要加强基本功练习，矫正不良习惯和错误动作，还要培养良好的质量意识。先开展单一技能练习，再开展复合技能训练；先进行单项技能练习，再进行综合功能训练；先满足精度要求，再满足速度要求。训练条件反射的本能，明确每个环节的标准，每项任务施工完成后，快速进行检查复核，确保每个工艺要点不丢分、少丢分。

第四，要积极创新训练方法，提高实战能力。

从实战出发，突出训练的针对性和有效性，着力解决薄弱环节和提高关键技术环节的得分能力。合理把握节奏与强度，从训练的每个操作程序、每个动作、每个细节抓起，大到项目整体要求，小到得分技巧，对每个关键环节进行分析研究，找准问题，及时调整训练计划，将竞技状态在参赛前调整到最佳。强化心理素质的训练，注重对环境的适应能力训练，采取集中封闭与异地训练相结合的方法开展异地训练考核，提高实战经验。积极进行心理辅导，结合实际训练情况和心理专家的建议，调整训练方法。

学习任务三　落地式配电柜安装与调试

学习目标

1. 能根据工作任务联系单，明确工时、工作内容等要求。

2. 能正确识读电路图，并通过勘察施工现场，准确描述现场特征，取得必要的资料和数据。

3. 能正确识别刀熔开关、电能表、电能表接线盒、母排等元件、仪表和材料，了解其选择方法与安装使用方法。

4. 能根据勘察现场的结果和任务要求，完善施工设计，绘制相关图纸，选择电气元件、电工工具和电工材料，制订工作计划。

5. 能按规程应用必要的安全隔离措施和安全标志，准备现场工作环境。

6. 能根据任务需要，完成元件和材料的检查、加工及安装等工作，包括使用切排机、弯排机、母排冲孔机等设备完成母排的加工。

7. 能按照图纸要求、配电柜电气安装规范工艺要求、世界技能大赛电气安装技术标准和场地情况，运用线路明敷、捆扎、线槽布线等工艺，完成施工任务。

8. 施工后，在通电之前，能正确使用仪表检查电气装置，包括绝缘电阻检查、接地连续性检查、极性检查和目测检查，并排除相应故障。

9. 能按相关技术指标要求，通电检查所安装设备的所有功能，确保装置的正确运行。

10. 能在作业过程中严格执行企业操作规范、安全生产制度、环保管理制度以及6S管理规定，严格遵守从业人员的职业道德，具有吃苦耐劳、爱岗敬业的工作态度，精益求精的质量管控意识和职业精神。

11. 作业完毕，能按车间现场6S管理和产品工艺流程的要求，清点、整理工具，收集剩余材料，清理工程垃圾，拆除防护措施，整理现场。

12. 施工项目验收后，能以小组形式，积极主动地展示和汇报工作成果，完成对学习过程的综合评价。

建议学时

80学时

工作情境描述

某工厂进行机械加工车间的扩容改造，需同步扩容车间配电柜。配电柜为落地式，要求扩容前后的柜体及其位置不变。项目部向电工班下达安装任务，工期为 24 h，任务完成后交项目部验收。

工作流程与活动

1．明确任务和勘察现场（6 学时）

2．施工前的准备（28 学时）

3．现场施工（42 学时）

4．工作总结与评价（4 学时）

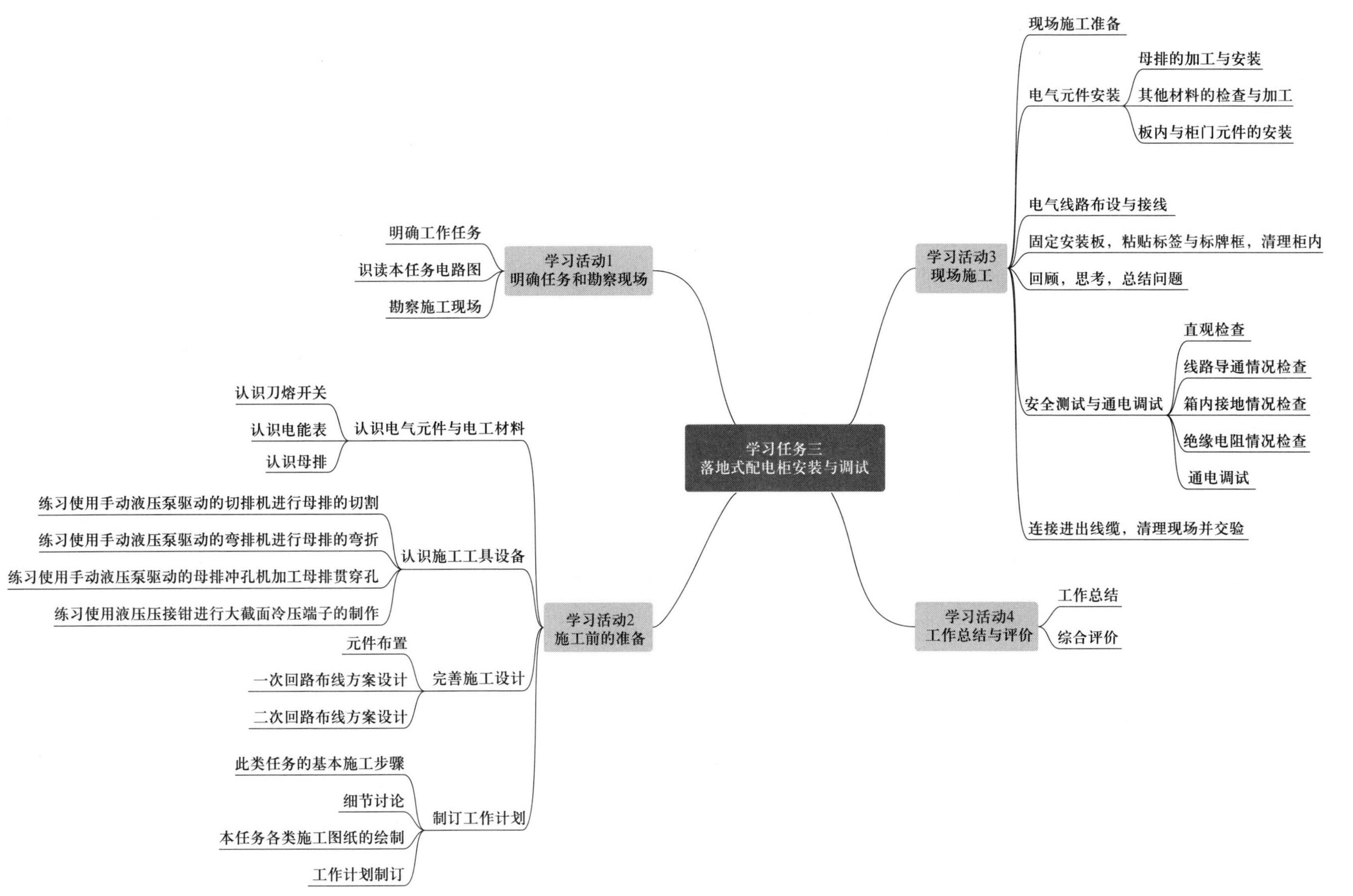
学习任务三
落地式配电柜安装与调试
学习活动1
明确任务和勘察现场
明确工作任务
识读本任务电路图
勘察施工现场
学习活动2
施工前的准备
认识电气元件与电工材料
认识刀熔开关
认识电能表
认识母排
认识施工工具设备
练习使用手动液压泵驱动的切排机进行母排的切割
练习使用手动液压泵驱动的弯排机进行母排的弯折
练习使用手动液压泵驱动的母排冲孔机加工母排贯穿孔
练习使用液压压接钳进行大截面冷压端子的制作
完善施工设计
元件布置
一次回路布线方案设计
二次回路布线方案设计
制订工作计划
此类任务的基本施工步骤
细节讨论
本任务各类施工图纸的绘制
工作计划制订
学习活动3
现场施工
现场施工准备
电气元件安装
母排的加工与安装
其他材料的检查与加工
板内与柜门元件的安装
电气线路布设与接线
固定安装板，粘贴标签与标牌框，清理柜内
回顾，思考，总结问题
安全测试与通电调试
直观检查
线路导通情况检查
箱内接地情况检查
绝缘电阻情况检查
通电调试
连接进出线缆，清理现场并交验
学习活动4
工作总结与评价
工作总结
综合评价

学习活动 1　明确任务和勘察现场

学习目标

1. 能根据工作任务联系单，明确工时、工作内容等要求。

2. 能正确识读电路图。

3. 能勘察施工现场，正确描述现场特征，取得必要的资料和数据。

建议学时：6 学时

学习过程

一、明确工作任务

阅读工作任务联系单（表 3–1–1），以小组为单位讨论其内容，提炼主要信息，完成下列内容。

表 3–1–1　　工作任务联系单　　编号：

工作任务	落地式配电柜安装与调试		
工作任务详情	为待扩容的车间进行落地式配电柜的扩容，扩容前后的柜体及其位置不变		
任务工期	24 h	验收单位	项目部
承接单位	电工班	施工负责人	张某某
施工人员	李某某、王某某、程某某、贾某某		
任务开工时间	××××年××月××日××时××分	任务完工时间	××××年××月××日××时××分
验收意见	合格		
施工负责人签字	张某某	验收负责人签字	魏某某

1．该项工作的主要内容是<u>设计、安装和调试一个落地式配电箱，以满足机械加工组修车间的供电需求</u>。

2．该项工作所需安装的设备，其应用地点的性质是<u>室内机械加工场所的低压配电</u>。

3．该项工作的任务工期是<u>24 小时</u>。

4．该项工作交给你和同组人，你们的角色是 承接单位 。

5．该项工作完成后，应交给 项目部 进行验收。

参考资料

机械与电气识图（第四版）

第五章 典型电气图的识读

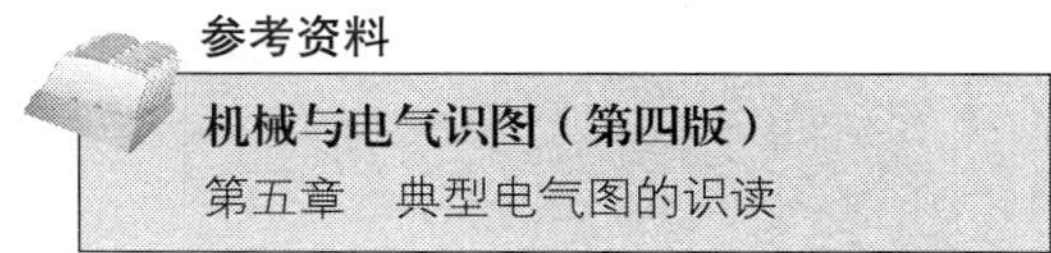

二、识读本任务电路图

本任务的电气原理图如图 3-1-1 所示。

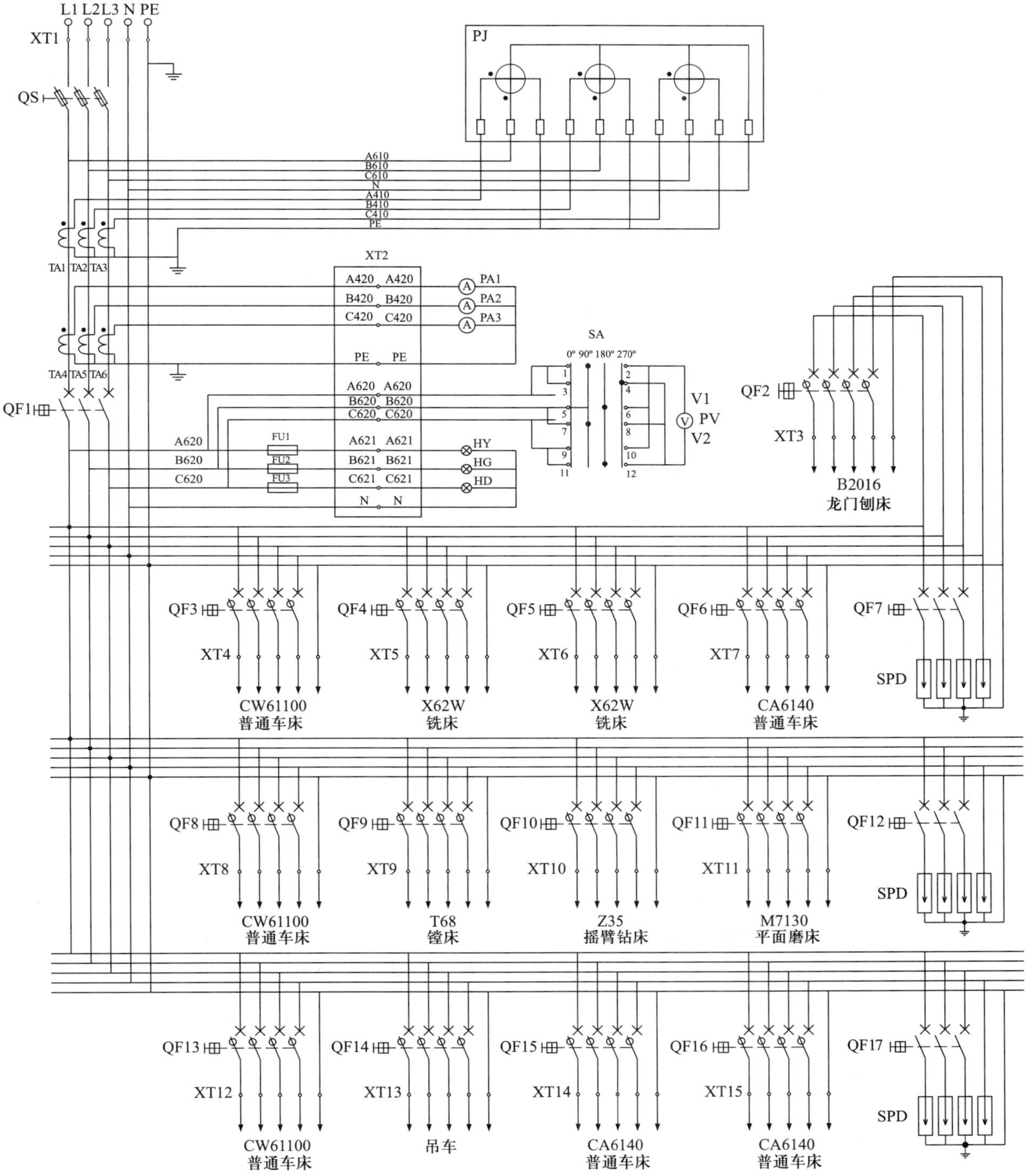

图 3-1-1 本任务的电气原理图

1．识读本任务的电气原理图（图 3–1–1），查阅相关资料，补全表 3–1–2。

表 3–1–2　　元件文字符号和图形符号

元件名称	文字符号	图形符号	元件名称	文字符号	图形符号
低压刀熔开关	QS		电能表	PJ	kWh

2．本任务所采用的落地式配电柜，为电力负荷端常用的 XL–21 系列动力配电柜，项目提供的落地式配电柜柜体外观示例如图 3–1–2 所示。该柜柜体额定工作电压小于 400 V，额定工作电流小于 630 A，外

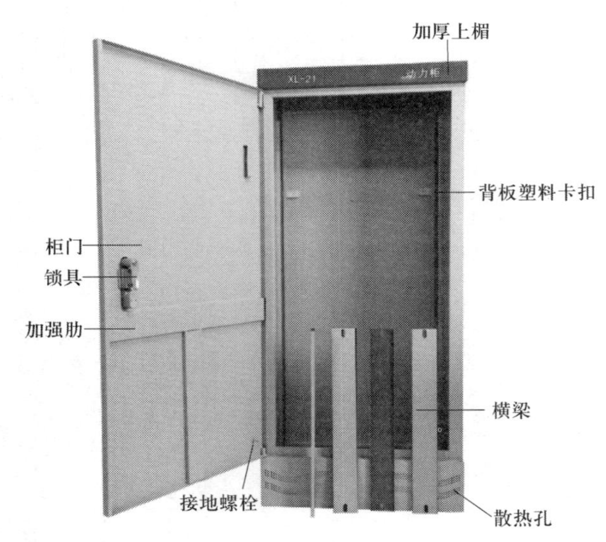

a)

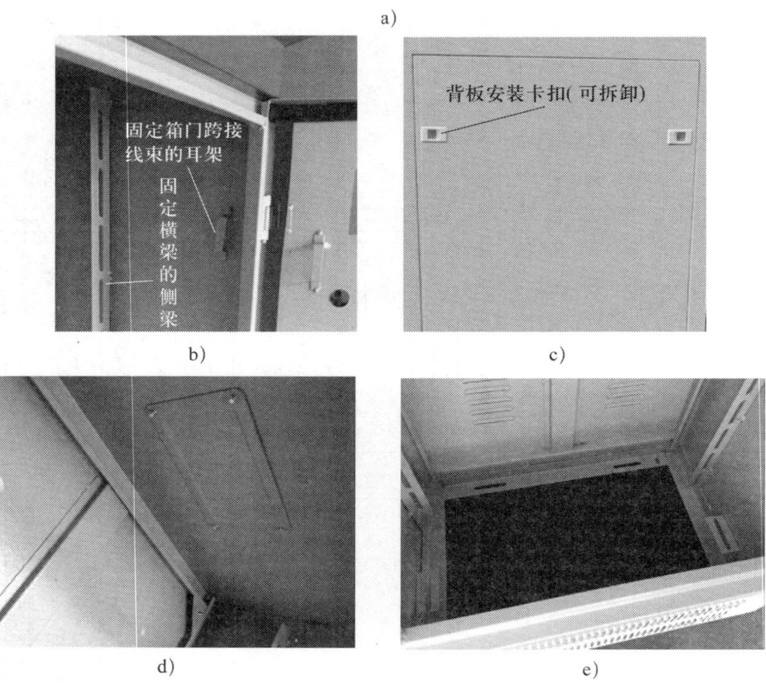

b)　c)　d)　e)

图 3–1–2　项目提供的落地式配电柜柜体外观示例

a）柜体全貌　b）侧梁骨架　c）背板安装卡扣　d）顶部进出线孔　e）柜体底部

壳防护等级一般为 IP30。其结构紧凑，一般普通型（柜顶无母排）柜体高度为 1 000 ~ 1 800 mm，柜宽一般为 600 mm、700 mm 或 800 mm，柜深一般为 370 mm，特殊需求下可加深。箱体用型钢做框架，前门、侧封板、后背板均为可拆式。横梁及侧梁均可以调节，需要时可加装安装板。柜门一般安装各类测量仪表、低压开关、控制按钮和指示灯，也可按需求加装隔离开关的操作手柄。可根据不同的使用环境来决定进出线电缆进入箱体的位置，开进出线孔。该类配电柜通用性强，可多台组合使用。

查阅相关资料，何为 IP 等级标准？IP30 表示怎样的等级？

答：IP 等级标准是户内配电装置的防护等级标准，用来表示电气装置外壳对异物侵入的防护能力。IP 是特征代号，后面一般为两个数字。第一个数字表示柜体防止人体接近柜内带电部分、触及运动部件和防止固体外物、灰尘侵入柜体内部的保护程度，数字越大其防护等级越佳；第二个数字表示柜体防止水浸入内部的保护程度，数字越大其防护等级越佳。

IP30 表示柜体可防止直径大于 2.5 mm 的固体进入柜内，但对水无防护能力。

三、勘察施工现场

施工前，在了解清楚工作任务和图纸后，还应到任务现场进行实地勘察，核对任务要求与图纸，记录相关技术参数，为后面开展施工做好准备。本任务所带负荷的电气参数见表 3-1-3。

表 3-1-3　　本任务所带负荷的电气参数

设备名称	数量 / 台	单台额定功率 P_e /kW	效率	功率因数	需要系数
CA6140 普通车床	3	7.6	0.89	0.81	0.3
CW61100 普通车床	3	23.7	0.88	0.82	
Z35 摇臂钻床	1	8.5	0.87	0.82	
M7130 平面磨床	1	7.6	0.88	0.82	
T68 镗床	1	9.8	0.86	0.80	
X62W 铣床	2	10.12	0.87	0.82	
B2016 龙门刨床	1	66.8	0.86	0.81	
5 t 吊车	1	10.2	0.82	0.65	

1．查阅相关资料，根据负荷计算的相关知识，进行本任务所带负荷的负荷计算。

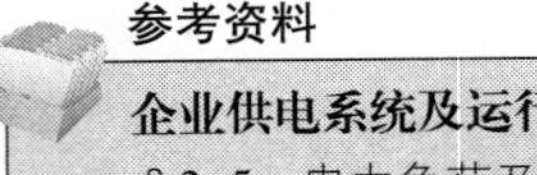
参考资料
企业供电系统及运行（第六版）
§3–5　电力负荷及其计算

答：（1）单台设备计算负荷

单台设备的负荷计算方法与学习任务二相同，在此不再赘述，相关数据及计算结果见下表。

设备名称	台数	单台 P_e/kW	效率	功率因数	单台 P_{30}/kW	单台 I_{30}/A
CA6140 普通车床	3	7.6	0.89	0.81	8.54	16.02
CW61100 普通车床	3	23.7	0.88	0.82	26.93	49.90
Z35 摇臂钻床	1	8.5	0.87	0.82	9.77	18.10
M7130 平面磨床	1	7.6	0.88	0.82	8.64	16.00
T68 镗床	1	9.8	0.86	0.80	11.40	21.64
X62W 铣床	2	10.12	0.87	0.82	11.63	21.55
B2016 龙门刨床	1	66.8	0.86	0.81	77.67	145.70
5 t 吊车	1	10.2	0.82	0.65	12.44	29.08

（2）干线负荷计算

根据相关要求，本任务的负荷计算可采用需要系数法，需要系数 K_d 取 0.3，则

$$P_{30}=\sum P_N \times K_d=217.04\ \text{kW} \times 0.3=65.11\ \text{kW}$$

加权平均功率因数为 0.807，则

$$I_{30}=\frac{P_{30}}{\sqrt{3}\times U_N\times\cos\varphi_{加权平均}}=122.59\ \text{A}$$

2．通过观察电气原理图和勘察施工现场，结合本任务的特点，你认为进出线电缆从何位置进入柜体更符合实际需求?

答：通过勘察可知，车间原线缆敷设方式为桥架敷线。所以，本任务配电柜的进出线方式可利用上进上出方式。

学习活动 2　施工前的准备

学习目标

1. 能正确识别刀熔开关、电能表、电能表接线盒、母排等元件、仪表的材料，了解其选择方法与安装使用方法。

2. 能正确使用切排机、弯排机、母排冲孔机等设备完成母排的加工。

3. 能根据勘察现场的结果和任务要求，完善施工设计，绘制相关图纸，选择电气元件、电工工具和电工材料，制订工作计划。

建议学时：28 学时

学习过程

一、认识电气元件与电工材料

1．认识刀熔开关

刀熔开关的外观如图 3–2–1 所示，查询相关资料，学习刀熔开关的相关知识，回答下列问题。

图 3–2–1　刀熔开关

（1）简述刀熔开关的作用。

答：刀熔开关又称熔断器式隔离开关，是隔离开关与熔断器组合而成的开关电器，其将闸刀和熔断器结合成一体，结构更简单，更节省空间。合闸时，闸刀通过传动连杆将熔断器接触到铜排上，使电路畅通；断电时，闸刀通过传动连杆将熔断器与带电铜排分离，使电路断开。刀熔开关一方面具有与低压刀开关相似的功能，可用来不频繁地手动接通和分断低压电路，触点间具有明显可见分断点；另一方面具备大容量熔断器，拥有强大的故障电流分断能力。

（2）常用刀熔开关有 HR3 型等，简述 HR3 型刀熔开关的使用注意事项。

答：1）刀熔开关合闸前，应检查确认所在线路的断路器处于断开位置。

2）合闸前，应检查确认熔断器完好，开关内部无杂物。

3）刀熔开关合闸时应尽量站在侧面，无法合闸时不得强合，应等待维修处理。

2．认识电能表

电能表是用来测量电能的仪表，又称电度表，如图 3–2–2 所示。查阅相关资料，学习电能表的相关知识，回答下列问题。

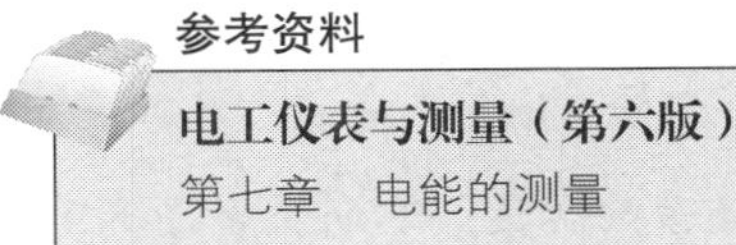

参考资料

电工仪表与测量（第六版）

第七章　电能的测量

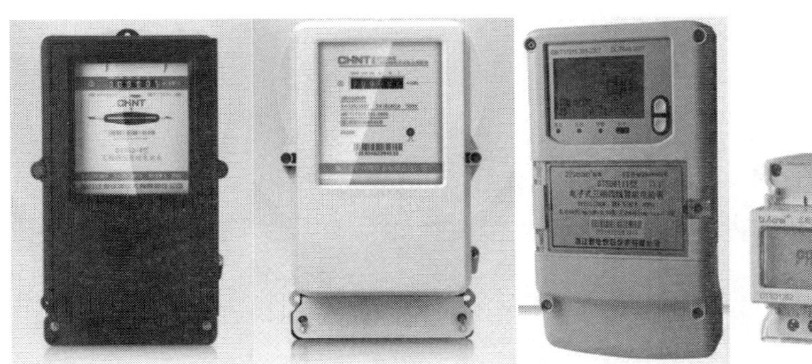

图 3–2–2　各种类型的电能表

（1）电能表的常见种类有哪些?

答：按原理不同，电能表可分为机械式电能表和电子式电能表。

按用途不同，电能表可分为直流电能表、单相电能表、三相电能表、特种用途电能表（预付费电能表、多费率电能表等）、智能电能表等。

按准确度等级不同，电能表可分为 0.01、0.02、0.05、0.1、0.2S、0.5S、1、2、3 级等，其中 0.01 ~ 0.1 级为标准电能表，0.2S ~ 3 级为安装式电能表。

（2）现有一电能表，其铭牌数据为：DTS634，3×220/380 V，3×1.5（6）A，50 Hz，1 800 imp/kW·h，写出它们的含义。

答：DTS634 为电能表型号，D 表示电能表，T 表示三相四线有功功率表，S 表示电子式，634 为注册号。

3×220/380 V 为电能表参比电压，是电能表的额定工作电压。三相四线电能表中以“相数 × 相电压 / 线电压”来表示。

3×1.5（6）A 为电能表参比电流，是电能表的设计额定工作电流。三相四线电能表中以“相数 × 基本电流（额定最大电流）”来表示。基本电流是电能表的基本工作电流，额定最大电流是仪表能满足其制造标准规定的准确度的最大电流值。

50 Hz 表示电能表的参比频率为 50 Hz。

1 800 imp/kW · h 表示电能表脉冲常数。电能表脉冲常数是表示电能表记录的电能和相应脉冲数（电子表用）之间关系的常数，即电能表每千瓦时发出脉冲的个数，单位为 imp/kW · h。在用电时，电能表脉冲指示灯将闪烁，每用 1 度电脉冲指示灯闪烁 1 800 次。

（3）画出三相四线电能表“三瓦表法”的接线原理图。

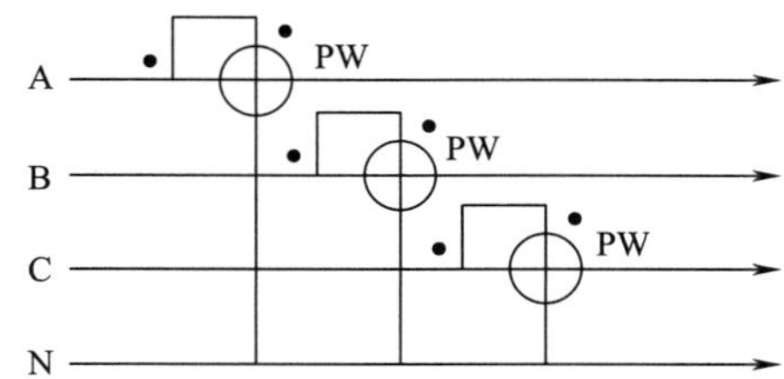

（4）电能表的接入方法有两种，分别是直接接入式和经互感器接入式，它们分别适用于哪些场合？

答：在被测电压不超过 500 V、被测电流不超过 100 A 时，可采用直接接入式，否则应采用经互感器接入式。

（5）电能表经互感器接入具有哪些优点。

答：1）可扩大电能表的量程。

2）可减少仪表的生产规格。

3）可使抄表的工作人员隔离大电压与大电流，提高安全系数。

（6）绘制三相四线制用户端经互感器接入式电能表的接线方式示意图，并练习接线。

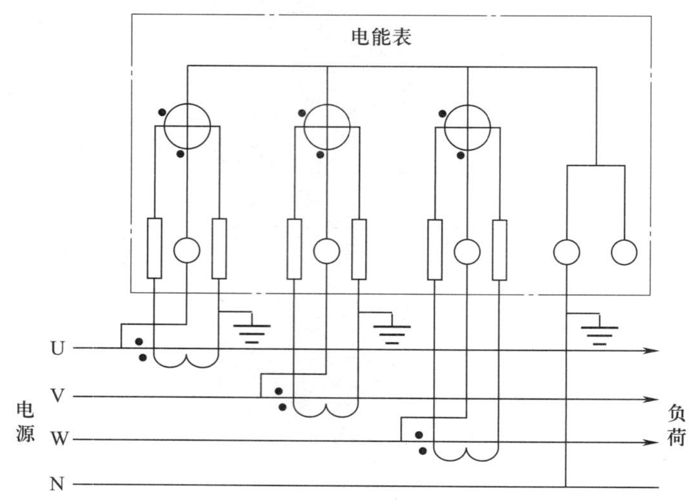

（7）为了使检测和拆换电能表时不停电，连接电能表时可采用电能表接线盒，如图 3–2–3 所示。电能表接线盒是电能计量装置标准接线中的专用接线盒，起接线和安全保护作用，通过透明的防尘盖可直接观察到内部各元件及端子状态。

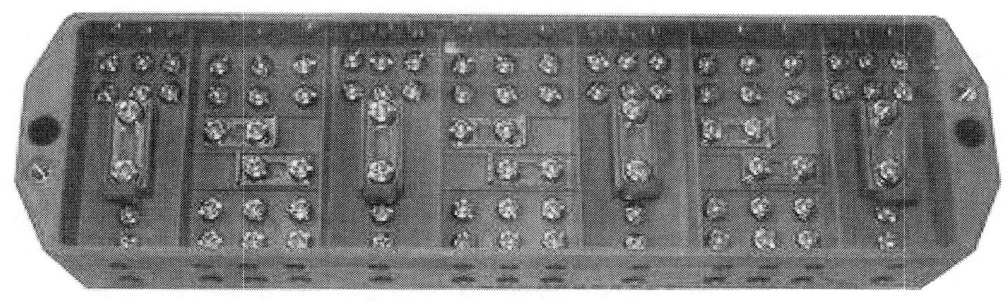

图 3–2–3　电能表接线盒

1）查阅相关资料，绘制使用电能表接线盒的三相四线制用户端经互感器接入式电能表的接线方式示意图。

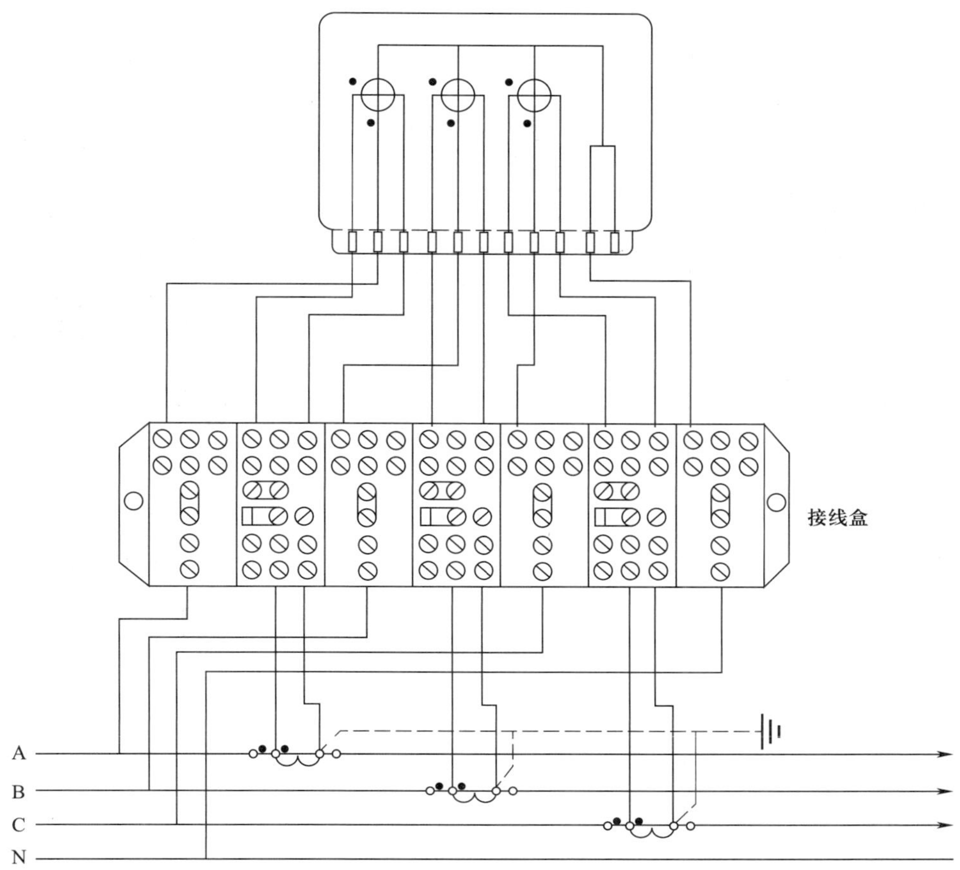

2）查阅相关资料，简述电能表接线盒中纵向连片和横向连片的作用。

答：纵向连片是电压回路连片，用于更换电能表时切断电压回路。

横向连片是电流回路连片，用于更换电能表时短接电流回路（直接接入式）或短接电流互感器二次回路（经互感器接入式）。

3．认识母排

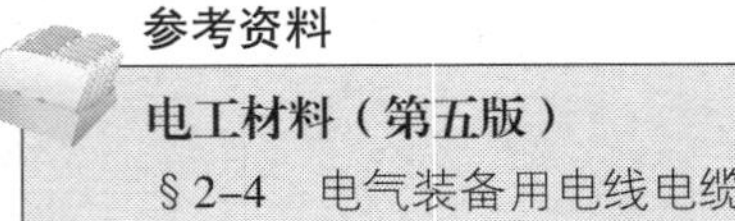

在配电线路中，经常会利用各类线状金属导体代替导线敷设于各并联载流支路的汇总点等电流和功率较大的场合，俗称母排。母排敷设的部分工程案例如图 3-2-4 所示。查阅相关资料，学习母排的相关知识，回答下列问题。

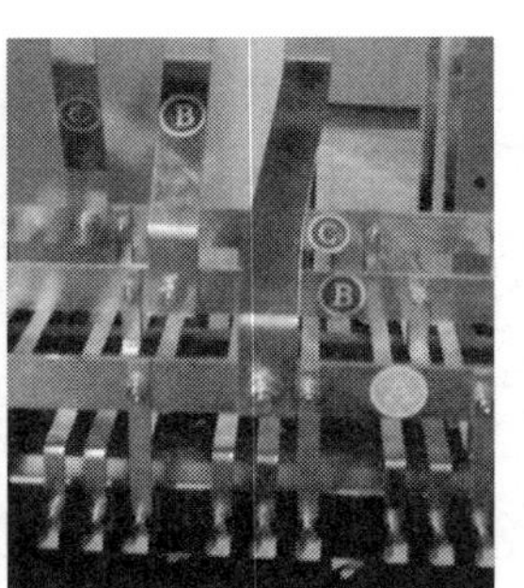

图 3-2-4　母排敷设工程案例

（1）简述母排的型号标示方法。

答：母排型号一般以“材料＋用途＋形态＋宽度 × 厚度”来标示。其中，材料、用途和形态用字母来标示。表示材料时，T 表示铜，L 表示铝。表示用途时，M 表示母排用。表示形态时，Y 表示硬态，R 表示软态。

（2）写出 TMY 型母线的型号含义与常用规格。

答：TMY 表示硬铜母排，一般规格有（15、20、25、30）×3、（30、40）×4、（40、50）×5、（40、50、60、80、100）×6、（60、80、100、120）×（8、10、12）等，单位均为 mm。

二、认识施工工具设备

由于配电柜内电气元件的位置不一且空间有限，母排安装与连接前需要先对母排进行各种加工，包括切断、弯折和冲孔等。加工母排的主要设备有切排机、弯排机和母排冲孔机等，也有多功能一体机。这些设备均利用液压系统的动力进行工作，其整体结构包括工作部件和液压驱动机构。

母排加工设备的液压驱动机构有手动液压泵、脚踏液压泵、电动液压泵、电磁阀液压泵等，如图 3-2-5 所示。

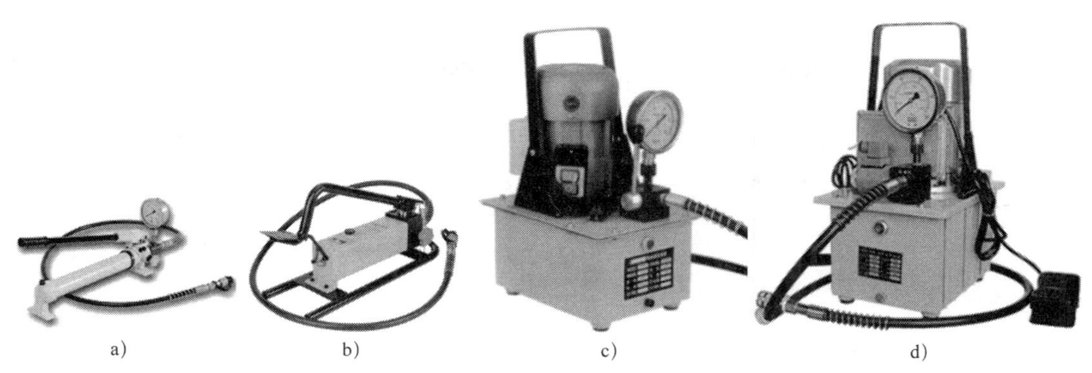

图 3-2-5　母排加工设备的液压驱动机构

a）手动液压泵　b）脚踏液压泵　c）电动液压泵　d）电磁阀液压泵

1．练习使用手动液压泵驱动的切排机进行母排的切割

母排的切割一般由切排机完成，切排机的工作部件如图 3-2-6 所示。查询相关资料，学习切排机的相关知识，回答下列问题。

图 3-2-6　切排机的工作部件

（1）简述利用手动液压泵驱动的切排机进行母排切割时的工作步骤。

答：1）为使切料位置准确，切割前应先在母排上用记号笔画上记号。

2）将手动液压泵的输油管端部快速接头与工作油缸接头进行连接。将输油管端部快速接头活动外套向后拉，套在工作油缸接头上，手放松后，活动外套恢复到原位即自行扣上。

3）将手动液压泵泵体上的放油螺钉旋紧。

4）放置工件，并利用调节螺钉令工件水平。

5）利用手动液压泵缓缓加压，切断母排。

6）将手动液压泵泵体上的放油螺钉旋松，令工作油缸泄压。

7）取下工件。

（2）简述利用手动液压泵驱动的切排机进行母排切割时的注意事项。

答：1）工件宽度与厚度不得超过切排机的加工范围。

2）严禁空载使用切排机，避免损坏机器。

3）放置母排时一定要将工件放置在刀口中心位，并利用调节螺钉令工件水平，否则切口不平整，易损坏活塞。

4）禁止在油泵有载荷时卸下输油管端部快速接头。

5）使用时如出现空打现象，可先旋松手动液压泵泵体上的放油螺钉，将手动液压泵垂直放置，头向下空打几下，然后再次旋紧放油螺钉，即可继续使用。

2．练习使用手动液压泵驱动的弯排机进行母排的弯折

在实际应用中，配电柜内母排的弯折分为平弯、立弯和扭弯（麻花弯），如图 3–2–7 所示，一般使用弯排机进行加工。

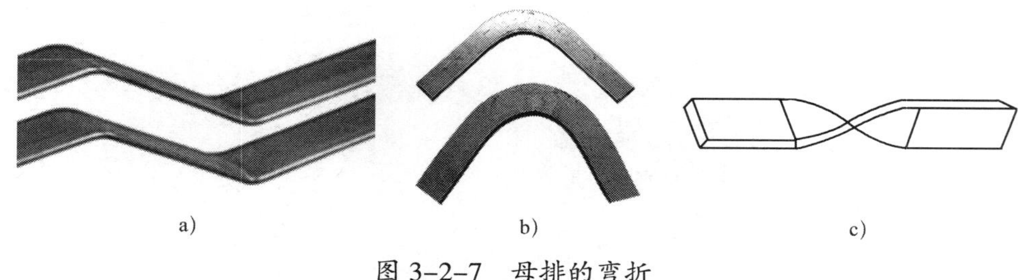

a)　　b)　　c)

图 3–2–7　母排的弯折

a）平弯　b）立弯　c）扭弯

弯排机又称折弯机、折排机，其工作部件可分为卧式平弯、立式平弯和平立弯一体三种，如图 3–2–8 所示。查询相关资料，学习弯排机的相关知识，回答下列问题。

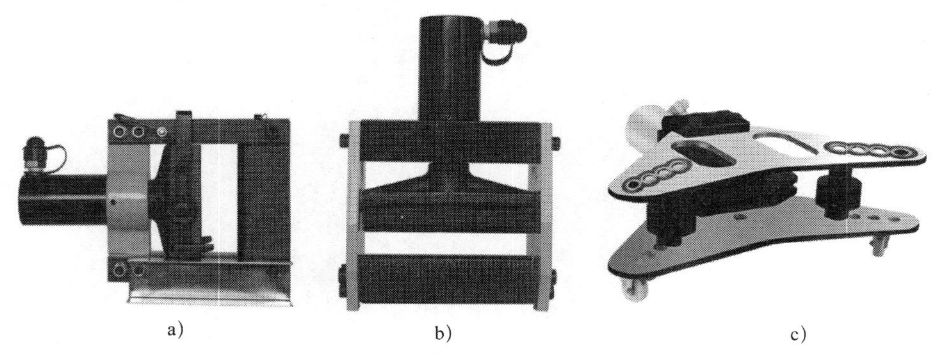

a)　　b)　　c)

图 3–2–8　弯排机的工作部件

a）卧式平弯　b）立式平弯　c）平立弯一体

（1）平弯弯排机和平立弯一体弯排机在实际应用中如何选用?

答：平弯弯排机只可以加工平弯，但可加工所有常用规格的母排。平立弯一体弯排机虽可同时加工平弯与立弯，但对所加工的母排规格有下限，加工宽度下限为 40 mm，加工厚度下限为 4 mm。

（2）简述矩形铜母排在弯折时，弯曲半径的要求和注意事项。

答：1）母排折弯不得小于 90°。

2）母排弯曲处不准出现裂纹。

3）母排立弯皱纹高度不超过 1 mm，且不超过厚度的 1%。

4）同向多片母排的弯曲程度应一致。

5）母排弯曲最小半径按下表核算。

弯曲方式	母排尺寸 /mm	最小弯曲半径 /mm
平弯	厚 3 ~ 4	$2b$（一般取 8）
	厚 5 ~ 6	$2b$（一般取 12）
	厚 7 ~ 10	$2b$（一般取 20）
立弯	宽 50 及以下	a
	宽 50 ~ 120	$1.5a$
扭弯	/	扭曲部分长度 $>2.5a$

注：a 为母排宽度，b 为母排厚度。

（3）简述矩形铜母排在弯折平弯时，弯曲处设置的要求。

答：1）母排弯曲处与母排连接、搭接处应保持 30 mm 以上的距离。

2）从母排弯曲处开始至支持点应有 50 mm 以上的距离。

3）制作平弯时，所弯两直角间最小距离不小于 40 mm。

（4）简述利用手动液压泵驱动的平弯弯排机进行矩形母排弯折时的工作步骤。

答：1）为使弯曲度准确，弯曲前应先在母排弯曲处用记号笔画上记号。

2）将手动液压泵的输油管端部快速接头与工作油缸接头进行连接。将输油管端部快速接头活动外套向后拉，套在工作油缸接头上，手放松后，活动外套恢复到原位即自行扣上。

3）将手动液压泵泵体上的放油螺钉旋紧。

4）放置工件。宽度过窄的母排应放置在辅料架上，并用限位装置开关调节辅料架高度。

5）利用手动液压泵缓缓加压，弯折时注意观察弯折角度。

6）将手动液压泵泵体上的放油螺钉旋松，令工作油缸泄压。

7）取下工件。当工件不易取出时，可拉出锁定边挡的销子，拉开边挡，取出工件。

（5）简述利用手动液压泵驱动的平弯折弯机进行矩形母排弯折时的注意事项。

答：1）放置母排时一定要将工件放置在工作油缸中心线位置，否则会导致卡料或损害液压系统。

2）禁止在油泵有载荷时卸下输油管端部快速接头。

3）使用时如出现空打现象，可先旋松泵体上的放油螺钉，将泵垂直放置，头向下空打几下，然后再次旋紧放油螺钉，即可继续使用。

3．练习使用手动液压泵驱动的母排冲孔机加工母排贯穿孔

母排冲孔机适用于各种铜、铝排的打孔作业，其工作部件及相关辅件如图 3–2–9 所示。

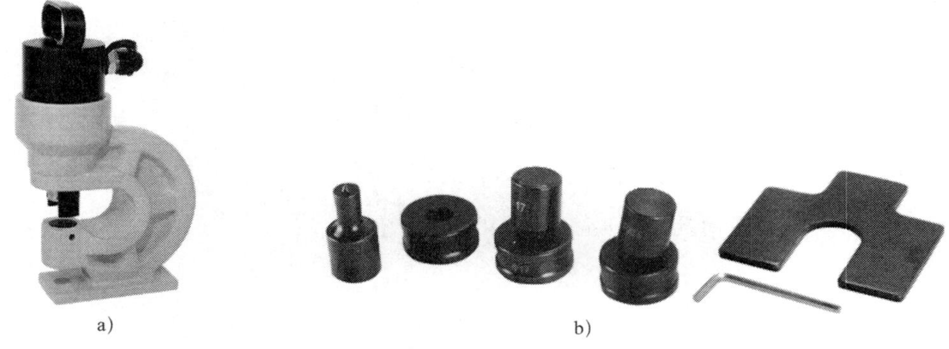

a）　　　　b）

图 3–2–9　母排冲孔机工作部件及相关辅件

a）母排冲孔机工作部件　b）冲模、拆模工具和薄板辅料板

查阅相关资料，简述利用手动液压泵驱动的母排冲孔机进行母排贯穿孔加工时的工作步骤。

答：1）为使冲孔准确，应先在母排上画上记号。

2）将手动液压泵的输油管端部快速接头与工作油缸接头进行连接。将输油管端部快速接头活动外套向后拉，套在工作油缸接头上，手放松后，活动外套恢复到原位即自行扣上。

3）将手动液压泵泵体上的放油螺钉旋紧。

4）选择并安装上下模。先用撞钉或模具螺帽安装上模，将定位螺钉拧出一定的位置后，再用内六角扳手装入下模，最后将定位螺钉拧紧。

5）放置工件。冲较薄的工件时一定要将薄板辅料板插入退料脚架和工件的中间，否则工件会卡住上模。

6）利用手动液压泵缓缓加压，完成冲孔作业。

7）将手动液压泵泵体上的放油螺钉旋松，令工作油缸泄压。

8）取下工件。

4．练习使用液压压接钳进行大截面冷压端子的制作

大截面冷压端子的压接一般利用液压压接钳完成，如图 3–2–10 所示。

图 3–2–10　液压压接钳及其模具

（1）查阅相关资料，简述利用液压压接钳进行大截面冷压端子压接的方法。

答：1）将相应模具装入液压压接钳。选择合适的模具，推开模具释放按钮，将下模具插入工具头的顶部，并使其置于中间位置，然后松开按钮。拉开模具销栓，将上模具插入工具头，并插入模具销栓。

2）在上下模具间装入工件。

3）旋转回油阀门至 ON 位置。

4）摇动泵浦手柄直至模具完全闭合，压接完成。

5）旋转回油阀门至 OFF 位置。

6）取出工件。

（2）在液压压接钳的使用过程中，若压接工作已到位，仍继续摇动手柄会出现什么现象？

答：若压接工作已到位仍继续摇动手柄，液压压接钳会出现“咔嗒”声，且摇动手柄时所需的力减弱，安全保护装置被打开，活塞停止前进。

三、完善施工设计

根据《低压配电设计规范》（GB 50054—2011）、低压成套开关设备和控制设备系列标准（GB/T 7251.1、GB/T 7251.3 ~ GB/T 7251.8、GB/T 7251.10、GB/T 7251.12）、低压开关设备和控制设备系列标准（GB/T 14048.1 ~ GB/T 14048.22）、《电气装置安装工程　低压电器施工及验收规范》（GB 50254—2014）与相关世赛技术说明和评分标准，在移动式施工用开关箱和挂壁式配电箱的基础上，落地式配电柜的元件布置和布线方案在设计方面有很多其他要求，查阅相关资料，回答以下问题。

1．元件布置

（1）根据相关要求，配电柜上的电气元件主体最高不得大于__2__m，最低不得小于__0.4__m。

（2）在被测电流较大的场合，电流表和电能表电流线圈均会采用经互感器接入的方式。查阅相关资料，测量用电流互感器和计量用电流互感器有无区别？如有，区别是什么？

答：有区别，测量用电流互感器和计量用电流互感器的准确度等级不同。

（3）在本任务中，既有电流的测量，又有电能的计量，查阅相关资料，简述应如何设置电流互感器。

答：本任务应设置两种电流互感器，计量回路可用三个低压 150/5、0.2 级电流互感器，测量回路可用三个低压 150/5、0.5 级电流互感器。

2．一次回路布线方案设计

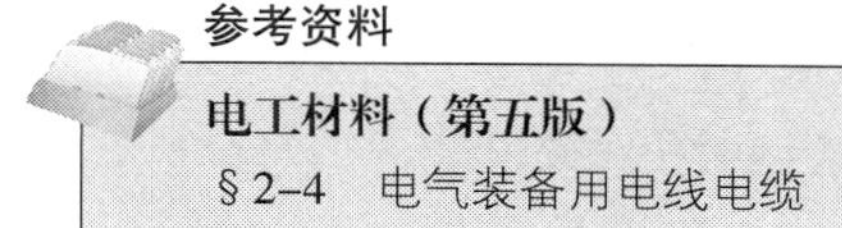

（1）依照负荷计算结果，设计 CA6140 普通车床支路和 B2016 龙门刨床支路的进出线缆（相线、中性线、PE 线）敷设方案，确定导线型号。

答：CA6140 普通车床支路计算电流为 16.02 A，其进出线缆与其他小负荷支路类似，可使用 BV 绝缘导线利用走线槽布设。查表可知，1.5 mm^2 的 BV 绝缘导线在利用走线槽布设、环境温度 40 ℃为参照时，其允许载流量为 16.97 A，而配电柜单回路进入断路器的绝缘导线最小截面积为 1.5 mm^2。因此，CA6140 普通车床支路采用 1.5 mm^2 的 BV 绝缘导线作为相线利用走线槽布设，其支路中性线也为 1.5 mm^2，PE 线为 2.5 mm^2。

B2016 龙门刨床支路计算电流为 145.70 A，可使用 BV 绝缘导线，由于负荷较大，建议采用“明敷＋扎带捆扎”固定的形式。查表可知，以环境温度 40 ℃为参照时，BV 绝缘导线明敷 50 mm^2 的允许载流量为 178 A，BV 绝缘导线明敷 35 mm^2 的允许载流量为 141 A。因此，龙门刨床 B2016 支路采用 50 mm^2 的 BV 绝缘导线及“明敷＋扎带捆扎”固定形式布设，根据相关规定，其中性线可采用 25 mm^2 的 BV 绝缘导线，其 PE 线也可采用 25 mm^2 的 BV 绝缘导线。

技术标准中的相关数据可扫描下方二维码查看。

（2）依照负荷计算结果，本任务配电柜总计算电流较大，以明敷、环境温度 40 ℃为参照时，至少需要 35 mm^2 及以上线缆。而在配电柜内，电源断路器出线将敷设至各个支线断路器，大量较大截面的导线将严重占用柜内空间、增加敷设难度、增加导线接入元件的难度，并降低安全性。查阅相关资料，简述解决方法。

答：鉴于电源断路器出线的导线截面较大，应采用矩形铜母排代替导线，作为各个支线断路器的电源引入点。

矩形铜母排可以以垂直方式列于元件后方。通过在后横梁板上设置走线槽，各支路断路器按各自容量使用小截面的导线从母排汲取电能。

（3）查阅相关资料，简述配电柜内矩形铜母排设置的原则。

答：1）应按负荷计算结果和电气原理图要求确定母排的规格。

2）根据电气元件安装情况和柜内整体布线情况，按照横平竖直、美观而又节约材料的原则，确定母排的走向。接入相同的电气元件，母排的布置走向应一致、统一。

3）从配电柜正方向看母排，其安装相互位置应满足下表中的要求。

相线或零件类型	水平布置	垂直布置或引下线	前后布置
A 相	上	左	远
B 相	中	中	中
C 相	下	右	近
零线	最下	最右	最近

4）多根母排同一方向布线，应从短到长、从横到竖分别设置转角。

（4）查阅相关资料，简述矩形铜母排 TMY 截面的确定方法。

答：除去后期的动稳定性和热稳定性校验，母排截面一般按其允许载流量来选择，被选母排的允许载流量应大于或等于计算电流，一般以查表方式进行。快速选择时也可按如下依据进行：

1）600 A 及以下的矩形铜母排的允许载流量等于母排宽度乘以经验系数（见下表）。

母排厚度 /mm	3	4	5	6	7	8	9	10	12
经验系数	10	12	13	14	15	16	17	18	20

2）母排在高温场所（25 ℃以上）使用时，允许载流量要乘以系数，40 ℃时系数为 0.85，35 ℃时系数为 0.9，30 ℃时系数为 0.95。

3）铜母排的允许载流量为铝母排的 1.3 倍。

（5）查阅相关资料，当零线也使用矩形铜母排代替时，简述其截面确定方法。

答：一般零线矩形铜母排可选用 1/2 主母排的截面。

3．二次回路布线方案设计

二次回路导线应尽量不与一次回路或其他电压等级回路的导线同槽敷设。在一次回路导线选用线槽敷线，且柜内安装空间有限的情况下，为柜内二次回路导线选择布线方案。

答：建议柜内二次回路导线用缠绕管敷线，并利用扎带和自粘式扎带固定座固定在配电柜纵向骨架或横梁板上。

四、制订工作计划

根据施工任务的资料信息，结合已知参数与现场勘察的实际情况，讨论并制订本小组的工作计划，合理选择任务所需的电气元件、电工工具和电工材料，绘制本任务的各类施工图纸，并补填学习活动 1 中工作任务联系单的相关内容。

1．此类任务的基本施工步骤

此类任务的基本施工步骤包括：

（1）选择电气元件、材料与工具，并领取、查验、按需加工。

（2）根据安装布置图，在柜体侧梁上固定横梁，敷设柜内和柜门上的导轨、走线槽和二次端子用导轨斜面支架。

（3）敷设柜内和柜门上的电气元件。

（4）母排的敷设。

（5）对一次回路进行布设。

（6）对柜内二次回路进行布设。

（7）对柜门跨接线束、柜门内二次回路和各接地线进行布设。

（8）粘贴标签和标牌框，并清理柜内。

（9）通电前进行安全测试。

（10）通电调试。

（11）连接进出线缆，清理现场。

2．细节讨论

明确基本施工步骤后，根据本任务的具体情况，进行小组讨论并确定以下几方面的内容：

（1）人员的基本分工。

（2）本任务中低压配电系统所采用的接线方式和敷线形式。

（3）本任务所涉及的电气元件、电工工具和电工材料。

（4）本任务的各类施工图纸。

（5）每个环节所需要用到的工具和材料。

（6）各个环节的用时。

（7）有交叉作业情况时的人员、材料安排。

（8）作业现场安全防护措施。

3．本任务各类施工图纸的绘制

查阅相关资料，结合为本任务选择的电气元件和电工材料，分别绘制出本任务的柜内元件布置图、柜门元件布置图、一次回路安装接线图和二次回路安装接线图。

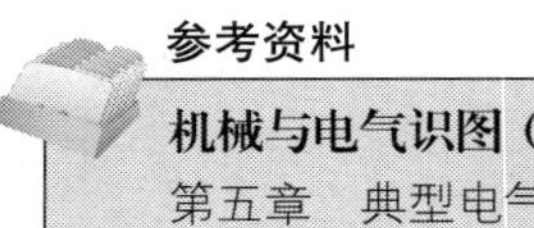

参考资料

机械与电气识图（第四版）

第五章　典型电气图的识读

扫描以下二维码，查看柜内元件布置图、柜门元件布置图、一次回路安装接线图和二次回路安装接线图参考示例。

柜内元件布置图（柜内正视图）

柜内元件布置图（柜内后视图）

柜门元件布置图（门反面视角，安装孔）

柜门元件布置图（门正面视角）

一次回路安装接线图（柜内正视图）

一次回路安装接线图（柜内后视图）

一次回路安装接线图（母排详图）

二次回路安装接线图

4．工作计划制订

将以上内容的讨论结果进行归纳整理，制订本小组的工作计划。

（1）根据小组讨论确定的施工负责人和小组成员分工，填写表 3–2–1。

表 3–2–1　小组成员分工

姓名	分工

（2）根据小组讨论确定的主要电气元件、电工工具和电工材料，填写表 3–2–2。

表 3–2–2　施工所需主要电气元件、电工工具和电工材料清单

序号	工具或材料名称	型号	单位	数量	备注
1	落地式配电柜	1 800 mm × 700 mm × 400 mm，附龙骨、可拆卸横梁，带单开箱门，带 MS304–A 按钮式箱门门锁，箱门带点焊螺柱，后背板可拆卸	台	1	
2	手动液压泵	CP700	台	1	
3	液压切排机	CWC–150	台	1	
4	平弯折弯机	CB150D	台	1	
5	母排冲孔机	CH–60	台	1	
6	试验电动机	Y80M2–4，380 V，50 Hz，750 W，1.57 A，1 390 r/min	台	1	
7	导轨	C45，1 mm 厚	米	3	
8	紧固件	C45 导轨通用型	个	若干	C45 导轨用
9	电能表	DTS634，3 × 220/380，3 × 1.5（6）A 互感器式	台	1	三相四线型
10	刀熔开关	HR3–200/34	个	1	正面门外手柄操作，正面检修
11	塑壳断路器	DZ20Y–225/3300，In160A	只	1	电源断路器 QF1
12	塑壳漏电断路器	DZ20L–160/4300，In160A	只	1	龙门刨床支路断路器

续表

序号	工具或材料名称	型号	单位	数量	备注
13	微型漏电断路器	DZ47LE-63/4-C32	只	9	CA6140 普通车床支路、Z35 摇臂钻床支路、M7130 平面磨床支路、T68 镗床支路、X62W 铣床支路、吊车支路的支路断路器
14	微型漏电断路器	DZ47LE-63/4-C63	只	3	CW61100 普通车床支路断路器
15	微型断路器	DZ47-32/3-C16	只	3	浪涌保护器支路断路器
16	浪涌保护器	安讯 AM20A420	只	3	4P
17	大电流接线端子	TC1505，150 A，5 位	只	1	龙门刨床支路出线端子
18	大电流接线端子	TC605，60 A，5 位	只	3	CW61100 普通车床支路出线端子
19	大电流接线端子	TD3020，30 A，20 位（带导轨）	只	1	T68 镗床支路、X62W 铣床支路、吊车支路的出线端子
20	大电流接线端子	TD2030，20 A，30 位（带导轨）	只	1	CA6140 普通车床支路、Z35 钻床支路、M7130 磨床支路的出线端子
21	铜排	TMY15 × 2	米	1.5	地排、零排
22	铜排	TMY15 × 3	米	6	电源母排
					龙门刨床支路进线
23	低压绝缘子	SM30 M6 螺纹	只	20	母排、零排用
24	电流互感器	BH-0.66，ϕ30，150/5，0.5 级	只	3	测量用
25	电流互感器	BH-0.66，ϕ30，150/5，0.2 级	只	3	计量用
26	熔断器	RT28N-32/3P/2A	只	1	电源指示回路
27	接线端子	UK2.5B（带终端挡片）	只	15	二次回路
28	导轨斜面支架	45°	只	2	二次回路接线端子用
29	指示灯	ND16，交流 220 V，黄色	只	1	三相分色电源指示
30	指示灯	ND16，交流 220 V，绿色	只	1	三相分色电源指示
31	指示灯	ND16，交流 220 V，红色	只	1	三相分色电源指示
32	交流电流表	6L2-A 150/5 A	台	3	
33	交流电压表	6L2-V 0-450 V	台	1	
34	电压测量切换开关	LW12-16YH3/3	个	1	
35	绝缘导线	BV-500-1 × 50 mm^2，黄色	米	0.5	龙门刨床支路出线
36	绝缘导线	BV-500-1 × 50 mm^2，绿色	米	0.5	龙门刨床支路出线
37	绝缘导线	BV-500-1 × 50 mm^2，红色	米	0.5	龙门刨床支路出线
38	绝缘导线	BV-500-1 × 35 mm^2，黄色	米	1	XT1-QR-QF1 间电源线

续表

序号	工具或材料名称	型号	单位	数量	备注
39	绝缘导线	BV-500-1×35 mm^2，绿色	米	1	XT1-QR-QF1 间电源线
40	绝缘导线	BV-500-1×35 mm^2，红色	米	1	XT1-QR-QF1 间电源线
41	绝缘导线	BV-500-1×25 mm^2，黄绿相间	米	2	XT1-QR-QF1 间 PE 线 龙门刨床支路 PE 线
42	绝缘导线	BV-500-1×25 mm^2，淡蓝色	米	4	XT1-QR-QF1 间 N 线 龙门刨床支路 N 线
43	绝缘导线	BV-500-1×10 mm^2，黄色	米	5	CW61100 普通车床支路进出线
44	绝缘导线	BV-500-1×10 mm^2，绿色	米	5	CW61100 普通车床支路进出线
45	绝缘导线	BV-500-1×10 mm^2，红色	米	5	CW61100 普通车床支路进出线
46	绝缘导线	BV-500-1×10 mm^2，黄绿相间	米	2	CW61100 普通车床支路 PE 线
47	绝缘导线	BV-500-1×6 mm^2，淡蓝色	米	2	CW61100 普通车床支路 N 线
48	绝缘导线	BV-500-1×4 mm^2，黄色	米	1	吊车支路进出线
49	绝缘导线	BV-500-1×4 mm^2，绿色	米	1	吊车支路进出线
50	绝缘导线	BV-500-1×4 mm^2，红色	米	1	吊车支路进出线
51	绝缘导线	BV-500-1×4 mm^2，黄绿相间	米	1	吊车支路 PE 线
52	绝缘导线	BV-500-1×4 mm^2，淡蓝色	米	1	吊车支路 N 线
53	绝缘导线	BV-500-1×2.5 mm^2，黄色	米	4.5	Z35 摇臂钻床支路、T68 镗床支路、X62W 铣床支路进出线
54	绝缘导线	BV-500-1×2.5 mm^2，绿色	米	4.5	Z35 摇臂钻床支路、T68 镗床支路、X62W 铣床支路进出线
55	绝缘导线	BV-500-1×2.5 mm^2，红色	米	4.5	Z35 摇臂钻床支路、T68 镗床支路、X62W 铣床支路进出线
56	绝缘导线	BV-500-1×2.5 mm^2，淡蓝色	米	4.5	Z35 摇臂钻床支路、T68 镗床支路、X62W 铣床支路 N 线
57	绝缘导线	BV-500-1×1.5 mm^2，黄色	米	4	CA6140 普通车床支路、M7130 平面磨床支路、SPD 支路进出线
58	绝缘导线	BV-500-1×1.5 mm^2，绿色	米	4	CA6140 普通车床支路、M7130 平面磨床支路、SPD 支路进出线
59	绝缘导线	BV-500-1×1.5 mm^2，红色	米	4	CA6140 普通车床支路、M7130 平面磨床支路、SPD 支路进出线
60	绝缘导线	BV-500-1×1.5 mm^2，淡蓝色	米	6	CA6140 普通车床支路、M7130 平面磨床支路、SPD 支路和二次回路的 N 线

续表

序号	工具或材料名称	型号	单位	数量	备注
61	绝缘导线	BV-500-1 × 2.5 mm^2，黄绿相间	米	6	Z35 摇臂钻床支路、T68 镗床支路、X62W 铣床支路、CA6140 普通车床支路、M7130 平面磨床支路、SPD 支路和二次回路的 PE 线
62	绝缘导线	BV-500-1 × 1.5 mm^2，黑色	米	10	二次电压回路用
63	绝缘导线	BV-500-1 × 2.5 mm^2，黑色	米	10	二次电流回路用
64	编织软铜接地线	10 mm^2，200 mm 长	条	1	箱门跨接接地线
65	冷压端子	DT-50	只	若干	一次回路
66	冷压端子	DT-35	只	若干	一次回路
67	冷压端子	DT-25	只	若干	一次回路
68	冷压端子	DT-10	只	若干	一次回路
69	冷压端子	DT-6	只	若干	一次回路
70	冷压端子	RV2	只	若干	一次回路
71	冷压端子	RV3.5	只	若干	一次回路
72	冷压端子	SV1.25	只	若干	二次电压回路
73	冷压端子	SV2	只	若干	二次电流回路
74	号码管	PVC 内齿梅花管（1.5 mm^2、2.5 mm^2）	只	若干	
75	扎带	3 × 150 mm	条	若干	
76	扎带	4 × 200 mm	条	若干	
77	扎带	4 × 200 mm	条	若干	
78	自粘式扎带固定座	12.5 mm × 12.5 mm	只	若干	
79	自粘式扎带固定座	25 mm × 25 mm	只	若干	
80	自粘式扎带固定座	40 mm × 40 mm	只	若干	
81	缠绕管	ϕ8 mm，黑色	米	3	
82	走线槽	PVC，U 型，带盖，20 × 20	米	2	二次回路用
83	走线槽	PVC，U 型，带盖，50 × 50	米	6	各支路断路器进出线用 地排、零排进出线用 各支路出线接线端子用
84	设备标签	/	/	若干	
85	地、零标签	/	/	若干	

续表

序号	工具或材料名称	型号	单位	数量	备注
86	标牌框	/	个	8	粘贴式
87	警示胶带	黄 / 黑	卷	若干	
88	安全隔离网	/	副	若干	
89	各类螺栓与螺母	/	副	若干	
90	地、零标签	/	/	若干	
91	压接钳	HS–16，1.25–16 mm^2	把	1	
92	液压压接钳	YQK–70C 型	把	1	
93	金属切割机	355 型	台	1	
94	手电钻	博世 GSB180–LI	把	1	
95	丝锥绞手	M1–M8	只	1	
96	手用丝锥	M4、M6、M8	套	1	
97	万用表	MF47	台	1	
98	兆欧表	zc–7/500 V	台	1	
99	钳形电流表	UT201	台	1	

（3）根据小组讨论确定的各个环节的用时，制定具体施工工序及完成的时间点，填写表 3–2–3。

表 3–2–3　　工序及工期安排

序号	工作内容	完成时间	备注
1	元件、工具与材料准备、查验，并按需加工		
2	固定横梁，敷设导轨、走线槽和导轨斜面支架		
3	敷设电气元件		
4	敷设母排		
5	布设一次回路		
6	布设柜内二次回路		
7	布设柜门跨接线束、柜门内二次回路和各接地线		
8	粘贴标签，粘贴标牌框，清理柜内		
9	通电前的安全测试		
10	通电调试		
11	连接进出线缆		
12	清理现场		

（4）根据小组讨论确定的结果，制定作业现场安全防护措施。

关于作业现场安全防护措施的制定，应注意提示学生注意以下几个方面：

1）应在整个工作区域外围设置安全隔离网，禁止非本组施工人员随意出入。

2）电气元件、电工材料、电工工具、劳保用品、电工仪表、卫生工具等所涉物品的堆放区、材料加工区、现场施工区应合理划分，并在地面上用警示胶带明示区域范围。

3）进入工作区域，必须穿着长袖长裤工作服，佩戴安全帽、劳保手套和防砸防刺劳保鞋。进行电工材料加工时，应按不同的施工工具操作要求，穿戴不同的劳保用品。

学习活动3　现 场 施 工

学习目标

1. 能按规程应用必要的安全隔离措施和安全标志，准备现场工作环境。

2. 能根据任务需要，完成包括母排在内的各种元件和材料的检查、加工及安装。

3. 能按照图纸要求、配电柜电气安装规范工艺要求、世界技能大赛电气安装技术标准和场地情况，运用线路明敷、捆扎、线槽布线等工艺，完成施工任务。

4. 施工后，在通电之前，能正确使用仪表检查电气装置，包括绝缘电阻检查、接地连续性检查、极性检查和目测检查，并排除相应故障。

5. 能按相关技术指标要求，通电检查所安装设备的所有功能，确保装置的正确运行。

6. 能在作业过程中严格执行企业操作规范、安全生产制度、环保管理制度以及6S管理规定，严格遵守从业人员的职业道德，具有吃苦耐劳、爱岗敬业的工作态度，精益求精的质量管控意识和职业责任感。

7. 作业完毕，能按车间现场6S管理和产品工艺流程的要求，清点、整理工具，收集剩余材料，清理工程垃圾，拆除防护措施，整理现场。

建议学时：42学时

学习过程

一、现场施工准备

回顾前面任务的施工过程，在施工开始前，应做哪些准备工作和安全防范措施？

答：1. 应按照工作计划的安排，设置必要的安全隔离措施和安全标识，清理影响施工的杂物，准备现场工作环境。

2. 施工人员自身应做好自身防护，准备好安全帽、工作服、棉纱手套、皮手套、护目镜、口罩等安全防护用品。

二、电气元件安装

1．母排的加工与安装

（1）母排加工应符合工艺规定，按所需长度落料、钻孔，校准平直，清除毛刺。母排表面不应有明显的划痕、气孔、锤痕、凹坑起皮等缺陷。不涂漆的母排上要用__标签纸__分色。

（2）查阅相关资料，简述母排安装的工艺要求。

答：1）母排的排列应整齐、美观，层次分明，母排支撑件（绝缘子）应坚固可靠，应满足电气间隙、飞弧距离、爬电距离的相关要求。

2）母排与绝缘导线的连接应采用贯穿螺栓与冷压端子配合连接，并符合下列要求：

①母排接触面必须平整，贯穿螺栓处的孔径不应大于螺栓直径 1 mm。

②母排与绝缘导线的连接应紧密可靠，并有防松措施。贯穿螺栓受力应均匀，不应使母排或绝缘导线受到额外应力。

③母排平置时，贯穿螺栓应由下往上穿。其余情况下，螺母应置于维修侧，螺栓长度宜露出螺母三倍螺距长度。

④贯穿螺栓连接的母排两侧均应有平垫圈，螺母侧应装有弹簧垫圈或锁紧螺母。

⑤母排接触面应涂抹电力复合脂。

2．其他材料的检查与加工、板内与柜门元件安装的方法及步骤与前面两个任务类似，可参照完成。

三、电气线路布设与接线

本任务电气线路布设与接线的方法及步骤与前面两个任务类似，可参照完成。对比前面两个任务，将本任务方法及步骤的不同点简要记录下来。

本任务与前面两面各任务在施工上的主要区别在于，考虑到较大的干线电流和较多的出线回路，本任务采用母排代替导线，作为配电柜内的供电干线。因此可提示学生详述母排在安装过程中的方法步骤。

四、固定安装板，粘贴标签与标牌框，清理柜内

参照前面两个任务的方法及步骤，完成相关操作。

五、回顾、思考，总结问题

在整个安装过程中遇到过什么问题？是如何解决的？ 在表 3–3–1 中记录下来。

表 3–3–1　　安装过程中遇到的问题和解决方法

所遇问题	解决方法

六、安全测试与通电调试

1．施工完毕，先进行直观检查，然后进行安全测试。闭合开关，装入信号回路熔断器，利用万用表实际测量每相导线进出点、N 线进出点的通断情况和二次回路引出点与元件接入点间的通断情况，将测量结果填入表 3–3–2 中。

表 3–3–2　　线路导通情况记录表

测量位置	线路状态（正常 / 不正常）	解决措施

2．在世界技能大赛“电气装置”项目中，接地连续电阻是一个重要的评价指标，按照技术文件，主接地端和装置上所需接地的任意一点之间的接地连续电阻不能超过 0.5 Ω。实际测量地排与 SPD 接地端、电流互感器二次接地端、柜体、柜门间的接地连续电阻情况，将测量结果填入表 3–3–3 中。

表 3-3-3　　　　箱内接地情况记录表

测量位置	实际测量值 /Ω	理论值 /Ω	状态（正常 / 不正常）	解决措施
		≤ 0.5		
		≤ 0.5		
		≤ 0.5		
		≤ 0.5		
		≤ 0.5		
		≤ 0.5		

3．检查设备的相间和相对地的绝缘电阻是否合格，包括：在开关断开时，同极的每个开关的进线端及出线端之间；在开关闭合时，不同极的带电部件之间和一、二次回路之间；在开关闭合时，一、二次回路相线与零线、地线、金属外壳之间。世赛相关技术文件要求：“任意带电导体与任意接地导体之间的最小电阻不能小于 1 MΩ，使用绝缘电阻测试仪，用 500 V 直流电压进行测试。”利用兆欧表进行实际测量，并将测量结果填入表 3-3-4 中。

表 3-3-4　　　　绝缘电阻情况记录表

测量位置	所涉及开关文字符号	开关状态（闭合 / 断开）	实际测量值 / MΩ	理论值 / MΩ	线路状态（正常 / 不正常）	解决措施
				≥ 1		
				≥ 1		
				≥ 1		
				≥ 1		
				≥ 1		
				≥ 1		
				≥ 1		
				≥ 1		
				≥ 1		
				≥ 1		

续表

测量位置	所涉及开关文字符号	开关状态（闭合/断开）	实际测量值/MΩ	理论值/MΩ	线路状态（正常/不正常）	解决措施
				≥ 1		
				≥ 1		
				≥ 1		
				≥ 1		
				≥ 1		
				≥ 1		
				≥ 1		
				≥ 1		
				≥ 1		

4．断电测试无误后，经教师同意，可进行通电调试。按要求进行通电调试，并将结果填入表 3-3-5 中。注意初次通电检查时不要同时闭合两个及两个以上回路。

表 3-3-5　　通电调试情况记录表

测试项目	测试结果（正常/不正常）	故障现象	故障原因	检修过程
按顺序闭合断路器，查看断路器在带电状态下分合动作是否运动灵活				
按顺序闭合断路器，查看电源指示及相序是否正确				
按顺序闭合断路器，查看电压是否正确，查看各相电压测量是否正常				
按顺序闭合断路器并连接试验电动机时，查看电路功能是否正常，查看各相电流测量是否正常，并与试验电动机额定数据进行比对				
按顺序闭合断路器并连接试验电动机时，查看电能表工作是否正常				

续表

测试项目	测试结果（正常 / 不正常）	故障现象	故障原因	检修过程
对各开关连续合闸与分闸 5 次，查看开关的响应是否正常				
在开关合闸状态下，检验漏电试验时开关是否能顺利跳闸				

七、连接进出线缆，清理现场并交验

1．施工完毕后，应进行现场清理，并按照工作任务联系单要求交付验收负责人验收，填写表 3-3-6 所示项目验收评价表，并补全学习活动 1 中工作任务联系单的相关内容。

表 3-3-6　项目验收评价表

项目	验收评价意见		
	合格	不合格	存在的问题
电气元件的选择			
电工材料的选择与加工			
电工工具和防护措施的选择			
布局、尺寸与原理的按图施工情况			
电气元件安装工艺情况			
电气线路布设工艺情况			
标签和标牌框的粘贴工艺情况			
安全测试的情况			
通电调试的情况			

2．验收负责人还提出了哪些意见或建议？你是如何回答的？

学习活动 4　工作总结与评价

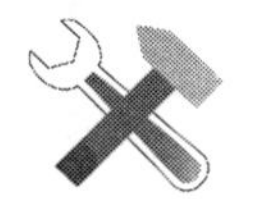

学习目标

1. 施工项目验收后，能以小组形式，积极主动地展示和汇报工作成果。

2. 能完成对学习过程的综合评价。

建议学时：4 学时

学习过程

一、工作总结

以小组为单位，选择演示文稿、展板、海报、录像等形式中的一种或几种，向全班展示、汇报学习成果。

二、综合评价

以小组为单位，展示本组成果。根据表 3–4–1 中评分标准进行评分。

表 3–4–1　　　　评分标准

序号	项目	配分	技术要求与评分标准	现场记录与评分			
				现场记录	自我评价	小组评价	教师评价
1	健康与安全（7 分）	2	施工过程中正确设置相应的安全标志，正确穿戴工作服等安全防护用品，无违反健康与安全要求的行为。每违反一项，扣 0.5 分				
		1	施工过程中及施工结束后始终保持场地整洁。每出现一处不符合要求，扣 0.5 分				
		2	电能表、浪涌保护器、二次回路、箱体、柜门等设备正确接地，通过地排进出。每出现一项错误，扣 0.5 分				
		2	需要接入中性线的电气元件正确接零，通过零排进出。每出现一项错误，扣 0.5 分				

续表

序号	项目	配分	技术要求与评分标准	现场记录与评分			
				现场记录	自我评价	小组评价	教师评价
2	安全测试（7分）	3	正确测试各接地连续电阻且方法正确。每出现一项错误，扣1分				
		3	正确测试各绝缘电阻且方法正确。每出现一项错误，扣1分				
		1	正确填写安全测试报告。每出现一项错误，扣0.5分				
3	通电调试（21分）	3	通电调试操作方法正确。错误，不得分				
		18	通电调试成功且功能正确，无须再次通电，得满分 第二次通电调试成功且功能正确，得9分 第二次通电调试未成功或功能不正确，不得分				
4	电路设计（13分）	1	电气元件布局正确、有序。有安全隐患，不得分				
		2	断路器容量与型号选用正确。每出现一项错误，扣1分				
		2	一次回路除断路器外的电气元件的容量与型号选用正确。每出现一项错误，扣0.5分				
		2	二次回路的电气元件的容量与型号选用正确。每出现一项错误，扣0.5分				
		2	一次回路导线颜色和规格选用正确。每出现一项错误，扣0.5分				
		2	二次回路导线颜色和规格选用正确。每出现一项错误，扣0.5分				
		2	零线和地线导线颜色和规格选用正确。每出现一项错误，不得分				
5	尺寸测量（5分）	0.5	按图施工，横梁的安装尺寸测量正确。每处误差超过5 mm，扣0.1分				
		1	按图施工，电气元件导轨的安装孔尺寸测量正确。每处误差超过5 mm，扣0.5分				
		3.5	按图施工，电气元件的安装尺寸测量正确。每处误差超过5 mm，扣0.5分				
6	元件与设备的安装（20分）	18	所有电气元件与电气材料固定牢固，无晃动和移动，线槽盖板安装完好。每出现一处不符合要求，扣2分				
		2	元件标签、标牌框与安全标志正确齐全。每出现一处不符合要求，扣0.5分				

续表

序号	项目	配分	技术要求与评分标准	现场记录与评分			
				现场记录	自我评价	小组评价	教师评价
7	布线与终端（22分）	2	整体布线布局合理，整齐、美观，走线成束，线束弯曲半径均匀，满足明敷、捆扎和线槽敷设工艺要求。每出现一处不符合要求，扣1分				
		10	所有导线正确终止，无松动与露铜，导线外表无伤痕。每出现一处不符合要求，扣2分				
		2	母排与母排的连接、绝缘导线与母排的连接符合工艺要求，每出现一处不符合要求，扣0.5分				
		1	绑扎带绑扎正确，使用合理，切断后不割手且留余，并小于1 mm。每出现一处不符合要求，扣0.5分				
		2	线槽内导线余量适中，无打结、缠绕、接头现象。每出现一处不符合要求，扣0.5分				
		1	缠绕管敷线应满足工艺要求，不得过分扭曲，线束弯曲半径不得小于线束外径的两倍。每出现一处不符合要求，扣0.5分				
		2	所有终端号码管齐全。每出现一处不符合要求，扣0.2分				
		1	导线不能交叉进入元件，导线弯曲半径均匀。每出现一处不符合要求，扣0.5分				
		1	进出电缆的连接和敷设符合工艺要求。每出现一处不符合要求，扣0.5分				
8	电气材料加工工艺（5分）	1	电气材料的钻孔、攻螺纹符合工艺要求。每出现一处不符合要求，扣0.5分				
		2	母排的落料、弯折、打孔符合工艺要求。每出现一处不符合要求，扣0.5分				
		1	导轨的落料符合工艺要求，无毛刺。每出现一处不符合要求，扣0.5分				
		1	线槽的加工符合工艺要求，连接整齐、拼接无缝隙、光滑无毛刺。每出现一处不符合要求，扣0.5分				
总配分		100	总得分	/			

世赛知识

世界技能标准规范（以“工业控制”项目为例）

对于“工业控制”项目，世界技能标准规范（WSSS）规定了工业控制技术和职业最高国际水平所需的知识、理解力和具体技能，反映了全球范围内对于该项工作的理解。技能竞赛的目的是展现世界技能标准规范（WSSS）所述的本项技能在世界上的最高水平。因此该标准规范就是世界技能大赛备赛和培训的指导。

一、工作组织和管理

1．要求参赛选手需要知道和理解的信息

（1）健康和安全规范，尤其是涉及危险的工作环境、工作场所和操作背景。

（2）发生变动情况下的安全操作。

（3）有关厂房设备、设施的安全要求。

（4）相关行业下安全完整性等级及应用。

（5）工地入职安全教育的重要性。

（6）对自己和他人有保护作用的设备的安全范围及其在不同行业的应用。

（7）可能遇到危险的类型。

（8）有效沟通和人际交往的重要性。

2．要求参赛选手能够做到的方面

（1）在所有工作环境下不断提高和服从健康及安全规范，达到行业最佳操作水平。

（2）正确使用所有安全设备、个人防护设备、关闭系统和报警指示灯。

（3）识别危险和潜在危险的工作状况，采取正确措施，将自己和他人所面临的危险降到最小程度。

（4）作为团队的一员有效地工作。

（5）和操作间主管以及设备运行场所的所有专业人员有效沟通。

（6）向可能不具备专业知识的同事解释复杂的机械和工程项目。

（7）就设备的使用、保养和维护提供专业性的意见和指导。

（8）思维符合逻辑，操作有系统性。

二、现场安装工艺及其功能实现

1．要求参赛选手需要知道和理解的信息

（1）现场部件安装方面的问题和解决办法。

（2）技术图纸、安装平面图、控制面板、电路图和流程图的原理。

（3）所有现场安装中所使用部件的原理和功能。

（4）在现场安装中正确测量和计算的重要性。

2．要求参赛选手能够做到的方面

（1）测量和计算零部件安装的正确位置。

（2）在允许极限范围内准备和安装电线管道。按图纸要求对元器件和电缆加上标签。

（3）对导管、电气元件、设备、仪器仪表和控制中心进行安全、可靠、有效的安装。

（4）连接电缆、电线和通信设备等复杂的布线系统安全、可靠、有效、美观。

（5）使用锯、钻等方式加工金属和塑料材料并去除毛刺。

（6）在要求的时间内有效地计划工作。

（7）在不对自身或周围其他人造成危险的情况下，安全有效地使用所有工具。

三、线路测试和检查

1．要求参赛选手需要知道和理解的信息

（1）电气安全知识。

（2）仪器仪表使用。

（3）控制系统正确的操作技术。

2．要求参赛选手能够做到的方面

（1）使用仪表对不同电量进行测量。

（2）应用电气安全标准。

（3）测试和调试安装设备。

（4）故障的判断及其排除。

（5）完成所有安装后提交测试报告。

四、编程

1．要求参赛选手需要知道和理解的信息

（1）技术说明和图表中的原理。

（2）在工业控制中所涉及的控制电动机、阀门和其他设备。

（3）与可编程控制器（PLC）、工业网络交互信息的人机界面（HMI），以及基于计算机的可视化编程环境。

（4）在行业内被接受的设备的使用，例如 PLC、HMI、变频器（VFD/VSD）以及分布式 I/O。

（5）分布式 I/O 和工业总线技术。

（6）国际电工技术委员会（IEC）的编程规范（IEC 61131-3）。

2．要求参赛选手能够做到的方面

（1）根据任务书和图纸编程。

（2）根据任务书和图纸配置人机界面屏幕。

（3）按照功能描述中的要求设置变频器。

（4）全面、安全地测试各项功能。

（5）向专家演示功能。

（6）符合国际电工技术委员会（IEC）的编程规范。

五、制作自动控制面板 / 中心

1．要求参赛选手需要知道和理解的信息

（1）技术说明和图表中所使用的术语和符号。

（2）技术图纸、电路图、平面图、布局图、功能描述和端子图。

（3）操作手册的使用。

2．要求参赛选手能够做到的方面

（1）读懂、理解并解释复杂的技术图纸，如电路图、布局图、功能描述和端子图。

（2）将技术说明中的信息有效应用到工作规划和解决工程与操作方面的问题中去。

（3）安装管道和端子，按照图纸在给定的极限范围内安装面板组件并连接线路。

（4）按照每张图纸上的标示在所有组件和线缆上加上标签。

（5）根据说明书完成面板的安装操作。

（6）解释操作手册的内容并遵守其中技术要求。

六、电路设计和改进

1．要求参赛选手需要知道和理解的信息

（1）技术说明图表中的原理。

（2）专业的技术术语和符号。

（3）继电器 / 接触器电路、电动 / 气动控制的原理。

2．要求参赛选手能够做到的方面

（1）读懂、解释并根据功能描述在模拟软件上进行设计。

（2）针对电路设计提出改进修改。

（3）按照技术规范（DIN ISO 1219）设计电路。

七、电气装置故障检测与定位

1．要求参赛选手需要知道和理解的信息

（1）查找过程中的安全隐患。

（2）书面说明、技术图纸和线路图的原理。

（3）电路图中的组件和符号。

（4）继电器控制设备故障定位的原理。

（5）工业继电器、接触器控制电路的原理和功能。

（6）故障检测的原理及其功能。

（7）现场总线诊断的原则。

2．要求参赛选手能够做到的方面

（1）遵守各项安全提示。

（2）读懂、理解并解释书面说明书和图示，理解所有技术符号。

（3）利用故障查找的正确原则。

（4）回避故障查找的不正确原则。

（5）使用正确的故障查找原则。

（6）使用工具和图纸准备定位故障。

附　　录

附录 1　移动式配电箱安装与调试学习任务设计方案

专业名称	电气自动化设备安装与维修	一体化课程名称	低压配电设备安装与调试
学习任务一	移动式配电箱安装与调试	授课时数	60 学时
工作情境描述	某建筑工地新增一台升降机，需安装一台临时供电的移动式配电箱，工程部向电工班下达配电箱安装任务，工期为 8 h，任务完成后交工程部验收		
学习任务描述	学生工作小组从教师处领取移动式配电箱安装与调试任务的工作任务联系单，到工作现场进行实地勘察，识读本任务的电气原理图，记录任务所带负荷的详细信息并进行本任务的负荷计算。依据成品工作环境和任务负荷情况，制订小组工作计划，选择所需电气元件、电工材料和线缆的型号，设计并绘制元件布置图和安装接线图，列出清单，准备工具并领取元件、材料。布置施工现场，查验所领元件、工具与材料，按需加工电工材料，按照图纸与安装规范完成电工材料与电气元件的安装、电气线路的布设与接线，以及其他后续工作。依据相关技术指标的要求对成品进行安全测试与通电调试，并清理施工现场、按照工作任务联系单的要求交付验收，并以小组为单位展示、汇报学习成果		
与其他学习任务的关系	该学习任务是低压配电设备安装与调试一体化课程的第一个任务，进行此学习任务将为下一学习任务的完成打下基础		
学生基础	具有基本的识读能力和资料的阅读能力；具有一定的电气设备安装与调试能力；具有一定的安全文明生产习惯、环保管理习惯和团队沟通合作意识等		
学习目标	1. 能根据工作任务联系单，明确工时、工作内容等要求 2. 能正确叙述三相交流电的概念及其实际应用，识读电路图，并通过勘察施工现场，准确描述现场特征，取得必要的资料和数据		

续表

学习目标	3．能正确识别低压断路器、漏电断路器、导线、汇流排、接线端子、低压绝缘子等电气元件和导轨、扎带等电工材料，以及常用安全标识，了解其选择方法与安装、使用方法 4．能根据勘察现场的结果和任务要求，制订工作计划，完善施工设计，选择合适的电气元件、电工工具、电工材料和导线，绘制本任务的相关图纸，列出材料清单 5．能按规程应用必要的安全隔离措施和安全标识，准备现场工作环境 6．能根据要求完成电气元件和电工材料的检查 7．能根据任务需要，使用金属切割机、手电钻、丝锥、压线钳等工具设备，完成电工材料的加工 8．能按照图纸要求、配电箱电气安装规范要求、世界技能大赛电气安装技术标准和场地情况，完成电气元件的安装，并运用线路明敷、捆扎布线等工艺完成布线施工任务 9．施工后，在通电之前，能正确使用仪表检查电气装置，包括绝缘电阻检查、接地连续性检查、极性检查和目测检查，并排除相应故障 10．能按相关技术指标要求，通电检查所安装设备的全部功能，确保装置的正确运行 11．能在作业过程中严格执行企业操作规范、安全生产制度、环保管理制度以及6S管理规定，严格遵守从业人员的职业道德，具有吃苦耐劳、爱岗敬业的工作态度，精益求精的质量管控意识和职业精神 12．作业完毕，能按车间现场6S管理和产品工艺流程的要求，清点、整理工具，收集剩余材料，清理工程垃圾，拆除防护措施，整理现场 13．施工项目验收后，能以小组形式，积极主动地展示和汇报工作成果，完成对学习过程的综合评价
学习内容	1．三相交流电的基本知识 2．漏电保护的原理 3．负荷计算的方法 4．电气设备安装施工图纸的识读与绘制 5．电气设备安装施工工作计划的制订 6．《施工现场临时用电安全技术规范》（JGJ 46—2005）的相关知识 7．电工作业安全规程 8．世界技能大赛电气安装技术标准 9．世界技能大赛健康与环境相关技术标准 10．电工基本操作技能 11．电工常用工具的外观、名称及功能 12．使用金属切割机切割金属材料的方法 13．使用手电钻进行孔加工的方法 14．使用攻螺纹工具进行螺纹加工的方法 15．使用压线钳进行小截面导线冷压端子加工的方法 16．低压断路器、导轨、接线端子、汇流排、低压绝缘子、过孔保护圈、低压导线、冷压端子、扎带、常用安全标识、电路安装板、常用各类配电箱箱体和常用配电箱门锁的规格、类型、选择与安装方法 17．电气设备外观检查方法、不通电情况下的功能检查方法、接地情况的检查方法、线路对地绝缘阻值的检查方法和通电调试的检查方法 18．万用表、钳形电流表与兆欧表的使用

续表

教学条件	1. 教学场地：一体化教室、电气施工场所 2. 设备：施工工地用移动式配电箱箱体、试验电动机、万用表、兆欧表、钳形电流表、安全隔离网等 3. 工具：电工常用工具、压接钳、金属切割机、手电钻、丝锥绞手、手用丝锥 4. 量具：卷尺、钢直尺 5. 防护用品：防护眼镜、工作服、工作帽等 6. 材料：各类所涉电气元件、各类导线、各类螺栓（钉）与螺母、各类冷压端子、扎带、标签、警示胶带 7. 资料：工作页、工作任务联系单、本任务电气原理图、领料单等
教学组织形式	1. 根据学习任务的活动内容和班级人数，进行小组分工，并确定负责人 2. 根据情景模拟，教师安排学生扮演角色，领取工作任务联系单 3. 根据学习任务活动环节，积极引导学生分析学习任务，明确学习重点和难点 4. 教师对学习活动中的重点和难点进行分析、操作演示和现场指导，帮助学生掌握 5. 以情景模拟的形式，教师安排学生扮演角色，严格按照 6S 管理要求，清扫、整理施工现场 6. 教师组织学生以小组或个人形式进行分析和总结，并汇报学习成果
教学流程与活动	1. 明确任务和勘察现场（18 学时） 2. 施工前的准备（20 学时） 3. 现场施工（18 学时） 4. 工作总结与评价（4 学时）
评价内容与标准	1. 能正确完成工作页中的问题 2. 能正确识读电路图，并按国家标准完成元件布置图和安装接线图的绘制 3. 能正确使用金属切割机、手电钻、丝锥、压线钳等工具完成电工材料的加工及安装 4. 能按照国家标准正确选择、安装本任务所涉相关电气元件 5. 能按照国家标准完成明敷、捆扎等工艺的线路连接 6. 能按照国家标准和世赛相关技术指标要求，完成电气设备的功能检查、接地情况检查、对地绝缘检查和通电调试检查 7. 能严格执行安全生产制度、环保管理制度、企业操作规范以及 6S 管理规定 8. 严格遵守从业人员的职业道德，具有吃苦耐劳、爱岗敬业的工作态度，精益求精的质量管控意识和职业精神

附录 2　移动式配电箱安装与调试教学活动策划表

教学活动	关键能力	学生学习活动	教师活动	学习内容	资源	评价点	学时	地点
学习活动1：明确任务和勘察现场	资料查阅及阅读能力、现场勘察能力、分析能力、计算能力	1. 以情景模拟的形式，学生扮演角色，领取工作任务联系单 2. 阅读生产任务，明确生产任务、性质和完成时间 3. 认识三相交流电、电力负荷计算及其应用 4. 识读任务的电路图 5. 了解施工现场临时用电三级配电系统和电路图的相关知识 6. 勘察施工现场，进行任务的电力负荷计算 7. 正确填写工作页 8. 自我评价	1. 工作任务联系单的准备和发放 2. 讲解工作任务要求 3. 布置工作任务 4. 组织学生扮演角色 5. 带领学生勘察工作现场 6. 指导学生完成工作页的填写 7. 检查学生完成情况和成果	1. 移动式配电箱工作任务联系单 2. 三相交流电的基本知识 3. 漏电保护的原理 4. 电力负荷计算的方法 5.《施工现场临时用电安全技术规范》（JG J46—2005）的相关知识 6. 移动式配电箱电气原理图 7. 施工现场勘察方法 8. 本任务所带负荷的详细电气参数	1. 工作页 2. 工作任务联系单 3. 移动式配电箱电气原理图 4.《电工基础（第六版）》 5.《企业供电系统及运行（第六版）》 6.《机械与电气识图（第四版）》 7. 互联网资源	1. 识别工作任务联系单的能力 2. 三相交流电知识 3. 识图能力 4. 勘察电气设备参数的能力 5. 电力负荷计算知识及其计算能力 6. 小组活动组织与参与能力 7. 工作页独立完成能力与表达能力	18学时	一体化教室（车间）

续表

教学活动	关键能力	学生学习活动	教师活动	学习内容	资源	评价点	学时	地点
学习活动2：施工前的准备	资料查阅能力、电气设备选择能力、电气线路选择能力、电气图纸绘制能力、工作计划制订能力、安全意识	1. 识别相关电气元件与电工材料并选择 2. 认识常用安全标识 3. 识别常用电工工具 4. 认识常用配电箱施工工具 5. 完善导线选择 6. 绘制本任务的元件布置图和安装接线图 7. 列出材料清单 8. 制订工作计划 9. 制定作业现场安全防护措施 10. 正确填写工作页 11. 自我评价	1. 引导学生识别相关电气元件、电工材料、常用安全标识和常用电工工具 2. 引导学生熟悉常用配电箱施工工具的操作 3. 引导学生绘制本任务的元件布置图和安装接线图 4. 引导学生制订工作计划、制定作业现场安全防护措施 5. 引导学生列出材料清单并发放材料 6. 指导学生完成工作页的填写 7. 检查学生完成情况和成果	1. 常用电气元件及其选择 2. 常用电工材料及其选择 3. 常用安全标识及其选择与使用 4. 常用配电箱施工工具及其使用 5. 本任务的元件布置图和安装接线图的绘制 6. 列出材料清单的方法 7. 工作计划的制订、作业现场安全防护措施的制定	1. 工作页 2.《电工基础（第六版）》 3.《企业供电系统及运行（第六版）》 4.《机械与电气识图（第四版）》 5.《电工技能训练（第六版）》 6. 互联网资源	1. 常用电气元件与电工材料的选择能力 2. 常用安全标识的选择与使用能力 3. 常用配电箱施工工具的使用能力 4. 绘图能力 5. 工作计划制订能力、作业现场安全防护措施的制定能力 6. 小组活动组织与参与能力 7. 工作页独立完成能力与表达能力	18学时	一体化教室（车间）

续表

教学活动	关键能力	学生学习活动	教师活动	学习内容	资源	评价点	学时	地点
学习活动3：现场施工	资料查阅能力、电工材料加工能力、电气设备与电工材料安装能力、电气线路敷设能力、安全测试与通电检查能力、安全意识	1. 施工现场的环境准备 2. 电工材料的加工 3. 电气元件和电工材料的安装 4. 线路的明敷与捆扎布线 5. 安全测试 6. 通电检查 7. 清理现场 8. 正确填写工作页 9. 自我评价	1. 引导学生完成施工现场的环境准备 2. 现场指导学生完成电工材料的加工 3. 现场指导学生完成电气元件和电工材料的安装 4. 现场指导学生完成电气线路的明敷与捆扎布线 5. 现场指导学生完成安全测试 6. 现场指导学生完成通电检查 7. 指导学生清理现场，归置物品 8. 指导学生完成工作页的填写 9. 检查学生完成情况和成果	1. 施工现场的环境准备 2. 电工材料的加工方法 3. 电气元件安装要求 4. 电气线路布设与接线方法 5. 安全测试方法 6. 通电检查方法 7. 清理现场	1. 工作页 2.《企业供电系统及运行（第六版）》 3.《电工技能训练（第六版）》 4.《电工仪表与测量（第六版）》 5. 互联网资源	1. 工作现场的环境准备能力 2. 电工材料加工能力 3. 电气元件安装能力 4. 电气线路布设与接线能力 5. 安全测试能力 6. 通电检查能力 7. 现场清理能力 8. 小组活动组织与参与能力 9. 工作页独立完成能力与表达能力	18学时	一体化教室（车间）
学习活动4：工作总结与评价	总结、表达能力	1. 现场展示学习成果并总结 2. 自评、小组评价 3. 正确完成工作页的填写	1. 指导学生总结、表述学习成果 2. 对学生学习环节进行综合评价 3. 指导学生完成工作页的填写	1. 自我总结 2. 表达方法	工作页	1. 总结 2. 表达方法	4学时	一体化教室（车间）

附录3　挂壁式配电箱安装与调试学习任务设计方案

专业名称	电气自动化设备安装与维修	一体化课程名称	低压配电设备安装与调试
学习任务二	挂壁式配电箱安装与调试	授课时数	60学时
工作情境描述	工厂利用车间空闲场地，布置了一个机械加工维修室，内有金属切割机一台、小型钻床一台、砂轮机一台、电焊机一台，现需现场安装一台明敷挂壁式配电箱，为这些设备供电。项目部向电工班下达配电箱安装任务，工期为16 h，任务完成后交项目部验收		
学习任务描述	学生工作小组从教师处领取挂壁式配电箱安装与调试任务的工作任务联系单，到工作现场进行实地勘察，识读本任务的电气原理图，记录任务所带负荷的详细信息并进行本任务的负荷计算。依据成品工作环境和任务负荷情况，制订小组工作计划，选择所需电气元件、电工材料和线缆的型号，设计并绘制元件布置图和安装接线图，列出清单，准备工具并领取元件、材料。布置施工现场，查验所领元件、工具与材料，按需加工电工材料，按照图纸与安装规范完成电工材料与电气元件的安装、电气线路的布设与接线，以及其他后续工作。依据相关技术指标的要求对成品进行安全测试与通电调试，并清理施工现场、按照工作任务联系单的要求交付验收，并以小组为单位展示、汇报学习成果		
与其他学习任务的关系	该学习任务是低压配电设备安装与调试一体化课程的第二个任务，进行此学习任务在一定程度上可以为下一学习任务的完成打下基础		
学生基础	具有基本的识读能力和资料的阅读能力；具有一定的电气设备安装与调试能力，具有一定的安全文明生产习惯、环保管理习惯和团队沟通合作意识等		
学习目标	1. 能根据工作任务联系单，明确工时、工作内容等要求 2. 能正确分辨一次回路、二次回路并表述其特点，正确识读电路图，并通过勘察施工现场，准确描述现场特征，取得必要的资料和数据 3. 能正确识别低压刀开关、熔断器、电流互感器、电流表、电压表、指示灯、低压转换开关、浪涌保护器、三相插座等电气元件和走线槽、螺旋缠绕管、号码管、标牌框等电工材料，了解其选择方法与安装、使用方法 4. 能根据勘察现场的结果和任务要求，制订工作计划，完善施工设计，选择合适的电气元件、电工工具、电工材料和导线，选择合适的配电箱进出线方案，选择合适的一次、二次回路接线方式和敷设方式，绘制本任务的相关图纸，列出材料清单 5. 能按规程应用必要的安全隔离措施和安全标识，准备现场工作环境 6. 能根据任务需要，进行配电箱的定位与箱体安装 7. 能根据要求完成电气元件和电工材料的检查 8. 能根据任务需要完成电工材料的加工 9. 能按照图纸要求、配电箱电气安装规范要求、世界技能大赛电气安装技术标准和场地情况，完成电气元件的安装，并运用线路明敷、捆扎布线、线槽布线等工艺完成布线施工任务 10. 施工后，在通电之前，能正确使用仪表检查电气装置，包括绝缘电阻检查、接地连续性检查、极性检查和目测检查，并排除相应故障 11. 能按相关技术指标要求，通电检查所安装设备的全部功能，确保装置的正确运行 12. 能在作业过程中严格执行企业操作规范、安全生产制度、环保管理制度以及6S管理规定，严格遵守从业人员的职业道德，具有吃苦耐劳、爱岗敬业的工作态度，精益求精的质量管控意识和职业精神 13. 作业完毕，能按车间现场6S管理和产品工艺流程的要求，清点、整理工具，收集剩余材料，清理工程垃圾，拆除防护措施，整理现场 14. 施工项目验收后，能以小组形式，积极主动地展示和汇报工作成果，完成对学习过程的综合评价		

续表

学习内容	1. 一次回路、二次回路的基本知识和相关图纸 2. 不同工作制下电气设备负荷计算的方法 3. 低压刀开关、熔断器、电流互感器、电流表、电压表、指示灯、低压转换开关、浪涌保护器、三相插座等电气元件的规格、类型、选择与安装方法 4. 走线槽、螺旋缠绕管、号码管、标牌框等电工材料的规格、类型、选择、加工与安装方法 5. 电气设备安装施工图纸的识读与绘制 6.《低压配电设计规范》(GB 50054—2011)及低压成套开关设备和控制设备相关国家标准 7. 电工作业安全规程 8. 世界技能大赛电气安装技术标准 9. 世界技能大赛健康与环境相关技术标准 10. 电工基本操作技能 11. 电工常用工具的外观、名称及功能 12. 使用多功能线号机制作号码管的方法 13. 电气设备外观检查方法、不通电情况下的功能检查方法、接地情况的检查方法、线路对地绝缘阻值的检查方法和通电调试的检查方法 14. 万用表、钳形电流表与兆欧表的使用
教学条件	1. 教学场地：一体化教室、电气施工场所 2. 设备：挂壁式配电箱、试验电动机、万用表、兆欧表、钳形电流表、安全隔离网等 3. 工具：电工常用工具、压接钳、金属切割机、手电钻、丝锥绞手、手用丝锥 4. 量具：卷尺、钢直尺、多功能线号机 5. 防护用品：防护眼镜、工作服、工作帽等 6. 材料：各类所涉电气元件、各类导线、各类冷压端子、各类螺栓（钉）与螺母、走线槽、螺旋缠绕管、号码管、标牌框扎带、标签、警示胶带 7. 资料：工作页、工作任务联系单、本任务电气原理图、领料单等
教学组织形式	1. 根据学习任务的活动内容和班级人数，进行小组分工，并确定负责人 2. 根据情景模拟，教师安排学生扮演角色，领取工作任务联系单 3. 根据学习任务活动环节，积极引导学生分析学习任务，明确学习重点和难点 4. 教师对学习活动中的重点和难点进行分析、操作演示和现场指导，帮助学生掌握 5. 以情景模拟的形式，教师安排学生扮演角色，严格按照 6S 管理要求，清扫、整理施工现场 6. 教师组织学生以小组或个人形式进行分析和总结，并汇报学习成果
教学流程与活动	1. 明确任务和勘察现场（6 学时） 2. 施工前的准备（24 学时） 3. 现场施工（26 学时） 4. 工作总结与评价（4 学时）
评价内容与标准	1. 能正确完成工作页中的问题 2. 能正确识读电路图，并按国家标准完成元件布置图和安装接线图的绘制 3. 能正确使用工具完成电工材料的加工及安装 4. 能按照国家标准正确选择、安装本任务所涉相关电气元件 5. 能按照国家标准完成明敷、捆扎、线槽布线等工艺的线路连接 6. 能按照国家标准和世赛相关技术指标要求，完成电气设备的功能检查、接地情况检查、对地绝缘检查和通电调试检查 7. 能严格执行安全生产制度、环保管理制度、企业操作规范以及 6S 管理规定 8. 严格遵守从业人员的职业道德，具有吃苦耐劳、爱岗敬业的工作态度，精益求精的质量管控意识和职业精神

附录 4　挂壁式配电箱安装与调试教学活动策划表

教学活动	关键能力	学生学习活动	教师活动	学习内容	资源	评价点	学时	地点
学习活动 1：明确任务和勘察现场	资料查阅及阅读能力、现场勘察能力、分析能力、计算能力	1．以情景模拟的形式，学生扮演角色领取工作任务联系单 2．阅读生产任务，明确生产任务、性质和完成时间 3．分辨一次回路、二次回路及其相关图纸 4．识读任务的电路图 5．勘察施工现场，进行任务的电力负荷计算 6．正确填写工作页 7．自我评价	1．工作任务联系单的准备和发放 2．讲解工作任务要求 3．布置工作任务 4．组织学生扮演角色 5．带领学生勘察工作现场 6．指导学生完成工作页的填写 7．检查学生完成情况和成果	1．挂壁式配电箱工作任务联系单 2．一次回路、二次回路的基本知识 3．一次回路、二次回路的相关图纸 4．不同工作制下电气设备负荷计算的方法 5．挂壁式配电箱电气原理图 6．挂壁式配电箱箱门结构图 7．箱门元件布置图样例、二次安装接线图和接线端子接线图样例 8．施工现场勘察方法 9．本任务所带负荷的详细电气参数	1．工作页 2．工作任务联系单 3.《机械与电气识图（第四版）》 4．挂壁式配电箱电气原理图和箱门结构图 5．挂壁式配电箱箱门元件布置图样例、二次安装接线图和接线端子接线图样例 6.《企业供电系统及运行（第六版）》 7．互联网资源	1．识别工作任务联系单的能力 2．一次回路、二次回路的区分能力及其相关图纸识图能力 3．勘察电气设备参数的能力 4．电力负荷计算知识及其计算能力 5．小组活动组织与参与能力 6．工作页独立完成能力与表达能力	6学时	一体化教室（车间）

续表

教学活动	关键能力	学生学习活动	教师活动	学习内容	资源	评价点	学时	地点
学习活动2：施工前的准备	资料查阅能力、电气设备选择能力、电气线路选择能力、电气图纸绘制能力、工作计划制订能力、安全意识	1. 识别并选择相关电气元件、电工材料、电工工具和安全标识 2. 选择合适的配电箱进出线方案 3. 选择合适的一次、二次回路接线方式和敷设方式 4. 选择合适的一次、二次回路导线 5. 绘制本任务的箱内元件布置图、箱门元件布置图、一次回路安装接线图和二次回路安装接线图 6. 列出材料清单 7. 制订工作计划 8. 制定作业现场安全防护措施 9. 正确填写工作页 10. 自我评价	1. 引导学生识别相关电气元件、电工材料、常用安全标识和常用电工工具 2. 引导学生熟悉常用配电箱施工工具的操作 3. 指导学生完成配电箱进出线方案的选择 4. 指导学生完成一次、二次回路接线方式和敷设方式的选择 5. 引导学生绘制本任务的箱内元件布置图、箱门元件布置图、一次回路安装接线图和二次回路安装接线图 6. 引导学生制订工作计划、制定作业现场安全防护措施 7. 引导学生列出材料清单并发放材料 8. 指导学生完成工作页的填写 9. 检查学生完成情况和成果	1. 常用电气元件及其选择 2. 常用电工材料及其选择 3. 常用安全标识及其选择与使用 4. 常用配电箱施工工具及其使用 5. 本任务进出线方案的选择 6. 本任务一次、二次回路接线方式和敷设方式的选择 7. 本任务的箱内元件布置图、箱门元件布置图、一次回路安装接线图和二次回路安装接线图的绘制 8. 列出材料清单的方法 9. 工作计划的制订、作业现场安全防护措施的制定	1. 工作页 2.《电工仪表与测量（第六版）》 3.《企业供电系统及运行（第六版）》 4.《机械与电气识图（第四版）》 5.《电工技能训练（第六版）》 6.《电力拖动控制线路与技能训练（第六版）》 7. 互联网资源	1. 常用电气元件与电工材料的选择能力 2. 常用安全标识的选择与使用能力 3. 常用配电箱施工工具的使用能力 4. 绘图能力 5. 工作计划的制订能力、作业现场安全防护措施的制定能力 6. 小组活动组织与参与能力 7. 工作页独立完成能力与表达能力	24学时	一体化教室（车间）

续表

教学活动	关键能力	学生学习活动	教师活动	学习内容	资源	评价点	学时	地点
学习活动3：现场施工	资料查阅能力、电工材料加工能力、电气设备与电工材料安装能力、电气线路敷设能力、安全测试与通电检查能力、安全意识	1．施工现场的环境准备 2．电工材料的加工 3．配电箱的定位与箱体安装 4．电气元件和电工材料的安装 5．线路的明敷、捆扎与线槽布线 6．安全测试 7．通电检查 8．清理现场 9．正确填写工作页 10．自我评价	1．引导学生完成施工现场的环境准备 2．现场指导学生完成电工材料的加工 3．现场指导学生完成配电箱的定位与箱体的安装 4．现场指导学生完成电气元件和电工材料的安装 5．现场指导学生完成电气线路的明敷、捆扎与线槽布线 6．现场指导学生完成安全测试 7．现场指导学生完成通电检查 8．指导学生清理现场，归置物品 9．指导学生完成工作页的填写 10．检查学生完成情况和成果	1．施工现场的环境准备 2．电工材料的加工方法 3．配电箱的定位与箱体安装方法 4．电气元件安装要求 5．电气线路布设与接线方法 6．安全测试方法 7．通电检查方法 8．清理现场	1．工作页 2.《电工技能训练（第六版）》 3．互联网资源	1．工作现场的环境准备能力 2．电工材料加工能力 3．配电箱的定位与箱体安装能力 4．电气元件安装能力 5．电气线路布设与接线能力 6．安全测试能力 7．通电检查能力 8．现场清理能力 9．小组活动组织与参与能力 10．工作页独立完成能力与表达能力	26学时	一体化教室（车间）
学习活动4：工作总结与评价	总结、表达能力	1．现场展示学习成果并总结 2．自评、小组评价 3．正确完成工作页的填写	1．指导学生总结、表述学习成果 2．对学生学习环节进行综合评价 3．指导学生完成工作页的填写	1．自我总结 2．表达方法	工作页	1．总结 2．表达方法	4学时	一体化教室（车间）

附录 5　落地式配电柜安装与调试学习任务设计方案

专业名称	电气自动化设备安装与维修	一体化课程名称	低压配电设备安装与调试
学习任务二	落地式配电柜安装与调试	授课时数	80 学时
工作情境描述	某工厂进行机械加工车间的扩容改造，需同步扩容车间配电柜。配电柜为落地式，要求扩容前后的柜体及其位置不变。项目部向电工班下达配电柜安装任务，工期为 24 h，箱体为外购（已开孔），任务完成后交项目部验收		
学习任务描述	学生工作小组从教师处领取落地式配电柜安装与调试任务的工作任务联系单，到工作现场进行实地勘察，识读本任务的电气原理图，记录任务所带负荷的详细信息并进行本任务的负荷计算。依据成品工作环境和任务负荷情况，制订小组工作计划，选择所需电气元件、电工材料和线缆的型号，设计并绘制元件布置图和安装接线图，列出清单，准备工具并领取元件、材料。布置施工现场，查验所领元件、工具与材料，按需加工电工材料，按照图纸与安装规范完成电工材料与电气元件的安装、电气线路的布设与接线，以及其他后续工作。依据相关技术指标的要求对成品进行安全测试与通电调试，并清理施工现场、按照工作任务联系单的要求交付验收，并以小组为单位展示、汇报学习成果		
与其他学习任务的关系	该学习任务是低压配电设备安装与调试一体化课程的第三个任务，在一定程度上可以检验前两个任务的学习成果		
学生基础	具有基本的识读能力和资料的阅读能力；具有一定的电气设备安装与调试能力，具有一定的安全文明生产习惯、环保管理习惯和团队沟通合作意识等		
学习目标	1. 能根据工作任务联系单，明确工时、工作内容等要求 2. 能正确识读电路图，并通过勘察施工现场，准确描述现场特征，取得必要的资料和数据 3. 能正确识别低压刀熔开关、电能表等电气元件和母排等电工材料，了解其选择方法与安装、使用方法 4. 能正确操作以手动液压泵为动力的切排机、弯排机和母排冲孔机等母排加工设备 5. 能正确利用液压压接钳进行大截面冷压端子的制作 6. 能根据勘察现场的结果和任务要求，制订工作计划，完善施工设计，选择合适的电气元件、电工工具和电工材料，选择合适的配电柜进出线方案，选择合适的一次、二次回路接线方式和敷设方式，绘制本任务的相关图纸，列出材料清单 7. 能按规程应用必要的安全隔离措施和安全标识，准备现场工作环境 8. 能根据要求完成电气元件和电工材料的检查 9. 能根据任务需要完成电工材料的加工 10. 能按照图纸要求、配电柜电气安装规范要求、世界技能大赛电气安装技术标准和场地情况，完成电气元件的安装，并运用线路明敷、捆扎布线、线槽布线等工艺完成布线施工任务 11. 施工后，在通电之前，能正确使用仪表检查电气装置，包括绝缘电阻检查、接地连续性检查、极性检查和目测检查，并排除相应故障 12. 能按相关技术指标要求，通电检查所安装设备的全部功能，确保装置的正确运行 13. 能在作业过程中严格执行企业操作规范、安全生产制度、环保管理制度以及 6S 管理规定，严格遵守从业人员的职业道德，具有吃苦耐劳、爱岗敬业的工作态度，精益求精的质量管控意识和职业精神 14. 作业完毕，能按车间现场 6S 管理和产品工艺流程的要求，清点、整理工具，收集剩余材料，清理工程垃圾，拆除防护措施，整理现场 15. 施工项目验收后，能以小组形式，积极主动地展示和汇报工作成果，完成对学习过程的综合评价		

续表

学习内容	1. 低压刀熔开关、电能表、母排等电气元件和电工材料的规格、类型、选择与安装方法 2. 以手动液压泵为动力的切排机、弯排机、母排冲压机加工母线的方法 3. 电气设备安装施工图纸的识读与绘制 4.《低压配电设计规范》（GB 50054—2011）及低压成套开关设备和控制设备相关国家标准 5. 电工作业安全规程 6. 世界技能大赛电气安装技术标准 7. 世界技能大赛健康与环境相关技术标准
教学条件	1. 教学场地：一体化教室、电气施工场所 2. 设备：落地式配电柜、试验电动机、手动液压泵、液压切排机、平弯折弯机、母排冲孔机、液压压接钳、万用表、兆欧表、钳形电流表、安全隔离网等 3. 工具：电工常用工具、压接钳、金属切割机、手电钻、丝锥绞手、手用丝锥 4. 量具：卷尺、钢直尺、多功能线号机 5. 防护用品：防护眼镜、工作服、工作帽等 6. 材料：各类所涉电气元件、母排、各类导线、各类冷压端子、各类螺栓（钉）与螺母、走线槽、螺旋缠绕管、号码管、标牌框扎带、标签、警示胶带 7. 资料：工作页、工作任务联系单、本任务电气原理图、领料单等
教学组织形式	1. 根据学习任务的活动内容和班级人数，进行小组分工，并确定负责人 2. 根据情景模拟，教师安排学生扮演角色，领取工作任务联系单 3. 根据学习任务活动环节，积极引导学生分析学习任务，明确学习重点和难点 4. 教师对学习活动中的重点和难点进行分析、操作演示和现场指导，帮助学生掌握 5. 以情景模拟的形式，教师安排学生扮演角色，严格按照 6S 管理要求，清扫、整理施工现场 6. 教师组织学生以小组或个人形式进行分析和总结，并汇报学习成果
教学流程与活动	1. 明确任务和勘察现场（6 学时） 2. 施工前的准备（28 学时） 3. 现场施工（42 学时） 4. 工作总结与评价（4 学时）
评价内容与标准	1. 能正确完成工作页中的问题 2. 能正确识读电路图，并按国家标准完成元件布置图和安装接线图的绘制 3. 能正确使用工具完成电工材料的加工及安装 4. 能按照国家标准正确选择、安装本任务所涉相关电气元件 5. 能按照国家标准完成明敷、捆扎、线槽布线等工艺的线路连接 6. 能按照国家标准和世赛相关技术指标要求，完成电气设备的功能检查、接地情况检查、对地绝缘检查和通电调试检查 7. 能严格执行安全生产制度、环保管理制度、企业操作规范以及 6S 管理规定 8. 严格遵守从业人员的职业道德，具有吃苦耐劳、爱岗敬业的工作态度，精益求精的质量管控意识和职业精神

附录 6　落地式配电柜安装与调试教学活动策划表

教学活动	关键能力	学生学习活动	教师活动	学习内容	资源	评价点	学时	地点
学习活动 1：明确任务和勘察现场	资料查阅及阅读能力、现场勘察能力、分析能力、计算能力	1 以情景模拟的形式，学生扮演角色领取工作任务联系单 2. 阅读生产任务，明确生产任务、性质和完成时间 3. 识读任务的电路图 4. 查看本任务柜体 5. 勘察施工现场，进行任务的电力负荷计算 6. 正确填写工作页 7. 自我评价	1. 工作任务联系单的准备和发放 2. 讲解工作任务要求 3. 布置工作任务 4. 组织学生扮演角色 5. 带领学生勘察工作现场 6. 指导学生完成工作页的填写 7. 检查学生完成情况和成果	1. 落地式配电柜工作任务联系单 2. 落地式配电柜电气原理图 3. 落地式配电柜体 4. 施工现场勘察方法 5. 本任务所带负荷的详细电气参数	1. 工作页 2. 工作任务联系单 3.《机械与电气识图（第四版）》 4. 落地式配电柜电气原理图 5.《企业供电系统及运行（第六版）》 6. 互联网资源	1. 识别工作任务联系单的能力 2. 勘察电气设备参数的能力 3. 电力负荷计算知识及其计算能力 4. 小组活动组织与参与能力 5. 工作页独立完成能力与表达能力	6 学时	一体化教室（车间）

续表

教学活动	关键能力	学生学习活动	教师活动	学习内容	资源	评价点	学时	地点
学习活动2：施工前的准备	资料查阅能力、电气设备选择能力、电气线路选择能力、电气图纸绘制能力、工作计划制订能力、安全意识	1. 识别并选择相关电气元件、电工材料、电工工具和安全标识 2. 操作以手动液压泵为动力的切排机、弯排机、母排冲孔机等母排加工设备和液压压接钳 3. 选择合适的配电柜进出线方案 4. 选择合适的一次、二次回路接线方式和敷设方式 5. 选择合适的一次、二次回路导线和母排 6. 绘制本任务的柜内元件布置图、柜门元件布置图、一次回路安装接线图和二次回路安装接线图 7. 列出材料清单 8. 制订工作计划 9. 制定作业现场安全防护措施 10. 正确填写工作页 11. 自我评价	1. 引导学生识别相关电气元件、电工材料、常用安全标识和常用电工工具 2. 引导学生熟悉以手动液压泵为动力的切排机、弯排机、母排冲孔机等母排加工设备和液压压接钳的操作 3. 指导学生完成配电柜进出线方案选择 4. 指导学生完成一次、二次回路接线方式和敷设方式的选择 5. 引导学生绘制本任务的柜内元件布置图、柜门元件布置图、一次回路安装接线图和二次回路安装接线图 6. 引导学生制订工作计划、制定作业现场安全防护措施 7. 引导学生列出材料清单并发放材料 8. 指导学生完成工作页的填写 9. 检查学生完成情况和成果	1. 常用电气元件及其选择 2. 常用电工材料及其选择 3. 常用安全标识及其选择与使用 4. 以手动液压泵为动力的切排机、弯排机和母排冲孔机等母排加工设备的使用 5. 利用液压压接钳进行大截面冷压端子的制作 6. 本任务配电柜进出线方案，一次、二次回路接线方式和敷设方式的选择 7. 本任务的柜内元件布置图、柜门元件布置图、一次回路安装接线图和二次回路安装接线图的绘制 8. 列出材料清单的方法 9. 工作计划的制订、作业现场安全防护措施的制定	1. 工作页 2.《电工仪表与测量（第六版）》 3.《企业供电系统及运行（第六版）》 4.《机械与电气识图（第四版）》 5.《电工材料（第五版）》 6.《电工技能训练（第六版）》 7. 互联网资源	1. 常用电气元件与电工材料的选择能力 2. 常用安全标识的选择与使用能力 3. 常用母排加工工具和液压压接钳的使用能力 4. 绘图能力 5. 工作计划的制订、作业现场安全防护措施的制定能力 6. 小组活动组织与参与能力 7. 工作页独立完成能力与表达能力	28学时	一体化教室（车间）

续表

教学活动	关键能力	学生学习活动	教师活动	学习内容	资源	评价点	学时	地点
学习活动3：现场施工	资料查阅能力、电工材料加工能力、电气设备与电工材料安装能力、电气线路敷设能力、安全测试与通电检查能力、安全意识	1. 施工现场的环境准备 2. 电工材料的加工 3. 电气元件和电工材料的安装 4. 线路的明敷、捆扎与线槽布线 5. 安全测试 6. 通电检查 7. 清理现场 8. 正确填写工作页 9. 自我评价	1. 引导学生完成施工现场的环境准备 2. 现场指导学生完成电工材料的加工 3. 现场指导学生完成电气元件和电工材料的安装 4. 现场指导学生完成电气线路的明敷、捆扎布线与线槽布线 5. 现场指导学生完成安全测试 6. 现场指导学生完成通电检查 7. 指导学生清理现场，归置物品 8. 指导学生完成工作页的填写 9. 检查学生完成情况和成果	1. 施工现场的环境准备 2. 电工材料的加工方法 3. 电气元件安装要求 4. 电气线路布设与接线方法 5. 安全测试方法 6. 通电检查方法 7. 清理现场	1. 工作页 2. 互联网资源	1. 工作现场的环境准备能力 2. 电工材料加工能力 3. 电气元件安装能力 4. 电气线路布设与接线能力 5. 安全测试能力 6. 通电检查能力 7. 现场清理能力 8. 小组活动组织与参与能力 9. 工作页独立完成能力与表达能力	42学时	一体化教室（车间）
学习活动4：工作总结与评价	总结、表达能力	1. 现场展示学习成果并总结 2. 自评、小组评价 3. 正确完成工作页的填写	1. 指导学生总结、表述学习成果 2. 对学生学习环节进行综合评价 3. 指导学生完成工作页的填写	1. 自我总结 2. 表达方法	工作页	1. 总结 2. 表达方法	4学时	一体化教室（车间）